阅读成就思想……

Read to Achieve

聪明者学习系列

学会高效记忆

世界记忆冠军的刻意练习法

[英]乔纳森·汉考克 著
（Jonathan Hancock）

杨晓 译

中国人民大学出版社
·北京·

图书在版编目（CIP）数据

学会高效记忆：世界记忆冠军的刻意练习法 /（英）乔纳森·汉考克（Jonathan Hancock）著；杨晓译 . —北京：中国人民大学出版社，2019.10

书名原文：How to Improve Your Memory for Study

ISBN 978-7-300-27358-7

Ⅰ . ①学… Ⅱ . ①乔… ②杨… Ⅲ . ①记忆术 Ⅳ . ① B842.3

中国版本图书馆 CIP 数据核字（2019）第 181271 号

学会高效记忆：世界记忆冠军的刻意练习法

[英] 乔纳森·汉考克（Jonathan Hancock） 著

杨 晓 译

Xuehui Gaoxiao Jiyi: Shijie Jiyi Guanjun de Keyi Lianxifa

出版发行	中国人民大学出版社		
社　　址	北京中关村大街 31 号	邮政编码	100080
电　　话	010-62511242（总编室）		010-62511770（质管部）
	010-82501766（邮购部）		010-62514148（门市部）
	010-62515195（发行公司）		010-62515275（盗版举报）
网　　址	http://www.crup.com.cn		
经　　销	新华书店		
印　　刷	天津中印联印务有限公司		
规　　格	148mm×210mm　32 开本	版　　次	2019 年 10 月第 1 版
印　　张	7.625　插页 1	印　　次	2020 年 12 月第 2 次印刷
字　　数	163 000	定　　价	59.00 元

版权所有　　侵权必究　　印装差错　　负责调换

推荐序

当今世界，获取新知识的能力越来越重要。在接受教育的时候，我们迫切需要掌握各种学习技能和记忆技巧以通过关乎个人前程的各种考试。好在我们已经熟知记忆的运作方式，明白死记硬背是最低效的大脑使用方式。成功的学习有什么秘诀吗？当然有。学习可以成为快乐有趣的事情，本书会告诉你实现快乐学习的方法。

本书作者乔纳森·汉考克是一位记忆专家，也是一位经验丰富的好老师，他会利用科学知识和记忆实践经验帮助你掌握学习中的重要记忆技能，提高学习效率，在短时间内突破自己，取得更好的学习成绩，实现学业成功。

艾伦·巴德利（Alan Baddeley）
英国约克大学心理学系教授

HOW to Improve Your Memory for Study

前言

本书将改变你的生活。虽然它的主要内容是教你如何做好功课，提高学习能力以及在考试中取得好成绩，但它的潜在益处可不止于此，它能帮助你充分发挥大脑的潜能。

训练记忆是指组织想法，发挥想象力，打磨学习技能，并在这个过程中提高自我预期。因此，要学会掌控记忆，它不仅能帮助你在学习上重获新生，也有助于你用完全不同的方式思考和感悟生活中的每一件事。

不要想当然地判定自己的记忆力，每个人都可以通过训练使大脑记住需要记忆的内容。早在几百年前，人们就已经掌握了一些简单实用的记忆技能，它们面对如今的挑战依然适用。你要学会理解符合大脑工作方式的记忆方法，明白如何将重要的记忆原理应用到学习当中。不管你之前对记忆有何认识，现在你首先要明白的是，记忆对学习过程的每一步都至关重要。

很多与学习技能相关的图书都没有重视记忆的作用，即便提到特定的记忆策略，也只是单纯论述，将其看作可有可无的方面，反而更强调收集信息、探索信息以及解释信息的能力。然而，记忆是支撑一切活动的基础，没有记忆，其他方面都不会有所进步。本书提供的学习策略与整个学习过程融会贯通，能够充实你每一个阶段的学习，鼓励你用新方法学习更多的知识，帮助你记住信息并进行交流和应用，使你走得更远，学得更多。

因此，记忆训练不仅是为了应付考试（尽管本书能够帮助你实现这一目标，尤其在你马上就要进行重大考试时）。要实现成功，你需要将记忆技能应用到学习的每一个领域，再深入生活的方方面面，以取得全面的进步。

- 你可以利用过去的记忆和对未来的生动描绘，形成良好的思维框架，帮助自己控制情绪，坚定目标，通过最困难的考试。
- 运用快捷高效的方式从课本、互联网、课件和别人给出的建议中获取信息。记忆技能可以帮你选择自己真正想学习的内容，找到合适的学习方式，然后通过有意义且持久的方式将其储存下来。
- 组织观点的能力可以帮助你利用好时间、资源和学习伙伴，实现最高的学习效率。与此同时，大脑负责创意的部分会受到训练，对不可预测的事情建立新联系，产生新奇的想法，把你带入更深层次的理解当中。受过的记忆训练越多，获取和理解的知识就会越多，进入记忆库中的信息也会越多。
- 在为考试和评估做准备时，你要了解最适合自己的学习方式，明白怎样才能使身体和大脑为重大考试做好学习准备，取得良好的表现。当那一天到来时，你就能够充分运用自己学到的一切。
- 这一切的前提是探索记忆的工作方式，改变记忆习惯，使其符合你所学的内容，先别管你之前学过的内容和你的记忆水平。找到大脑最佳的使用方式能够让你掌控整个学习过程，创建丰富有力的记忆，掌握你需要了解的一切。

本书可以即学即用，现在请准备好通过不同的方式对待学习吧！传统的记忆方式不接地气，见效较慢，但本书的记忆技能可以帮助你尽快取得成效，让你在学习中获得更多的乐趣和充实感，短时间内实现学业进步。当你把记忆技巧置于学习的核心地位时，你就可以快速地转变学习方式。

学会用积极开放的心态转变大脑的使用方式，将其应用到学习和生活当中。拥有强大的记忆力并信心满满地运用记忆技能，是取得成功的秘诀。

如何使用本书

本书实用高效,你既可以从头开始阅读,也可以直接按照目录寻找对你当前学习有用的章节。

本书分为六个部分,展示了一个渐进式的学习方法,教你如何训练记忆技能并将其应用到学习的方方面面。每一部分又分为不同的篇章,每一章都重点强调一个关键的领域。在阅读本书时,先注意简介部分,找到关键信息,了解每一章的概要。每一章结尾都有一些练习题和对未来学习的建议,能够帮助你及时将新技能应用到学习当中。

通过阅读本书,你会发现一些有价值的小贴士,其中许多都是从我作为学生、老师以及世界记忆冠军的个人经验中提炼出来的。你要尽可能利用每个机会尝试这些方法,找到最适合你的方法。书中的信息框会解释专业术语,疑问框会帮助你思考自己的经历、观点和方法。

这是一本实用的练习手册,需要你充分舒展大脑肌肉,大胆进行自我挑战,利用不同的方式使用大脑。从现在开始,不断练习，利用书中的小贴士，改变你的学习方式。

 强调重要的建议，确保你能够掌握成功的学习方法。

 信息框提供额外的信息，比如有用的定义或例子。

 疑问框是向你提出的一些问题，引发你对自己学习方法的思考。

 在每个章节背后，都有一个"实用小贴士"，为你接下来的学习策略提供建议，你可以把它看作一份清单，从中选取适合你性格和学习习惯的方法。

 "现在要做的……"指的是你在未来学习过程中应该采取的措施。

01 重新认识记忆

第1章 什么是记忆 / 003

第2章 记忆是如何形成的 / 017

第3章 启动记忆 / 031

第4章 正确的学习态度 / 047

02 学习起步的地方

第5章 准备活动 / 065

第6章 进攻计划 / 085

03 学会高效记忆

第7章 情景记忆法 / 101

第8章 故事记忆法 / 115

第9章 旅程记忆法 / 127

04 做到融会贯通

第 10 章　重新学习阅读 / 143

第 11 章　倾听学习法 / 159

05 身体、环境与记忆的关系

第 12 章　保持身体健康 / 175

第 13 章　营造记忆环境 / 189

06 刻意练习

第 14 章　利用记忆技能顺利完成学习 / 205

第 15 章　应试记忆策略 / 217

第一部分

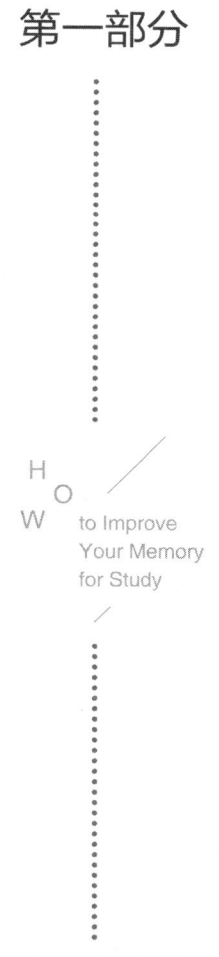

重新认识记忆

HOW to Improve Your Memory for Study

第 1 章

什么是记忆

本章要探索的内容是何为记忆,以及它是如何发挥作用的。如果你想在学业方面取得成功,理解这些问题至关重要。研究长时记忆的形成过程,是让大脑发挥出最佳水平的第一步。

通过本章,你可以了解:

- 记忆为什么会影响你的行为;
- 大脑的机能和潜能;
- 如何学习;
- 记忆的种类;
- 学习的特殊性;
- 记忆是如何储存的;
- 记忆形成的第一步。

● 认识记忆

要成为一名优秀的学习者,你必须先了解自己的记忆。记忆是一套复杂的机制,对你的一切行为都有重大的影响。因此,忽略记忆的重要性,指望不靠记忆就能有所作为,或者是在重要的考试前夜想让记忆发挥临时作用,都是天真的奢望。你得和记忆保持一种高质量的长期联系,它很可能是你最可靠的"搭档"。不过,想要得到这位"搭档"的帮助,前提是你要了解记忆到底是什么,为什么它如此重要,以及如何将它应用到学习的方方面面。

你需要先了解极其复杂的记忆系统,以及一些使记忆效果最大化的直接行为。

● 记忆就是一切

你的个人经历塑造了你。没有这些经历,你就不会成为现在的你。同样地,记忆也决定了你的思维和言行。

从最基本的物理层面上讲,你的生存靠的是包含心跳、呼吸和其他化学反应在内的一套本能机制,它能让你保持在活着的状态当中。还有一些事情,在学会之后,你能够不假思索地再做出来,比如保持平衡、走路、使用双手,以及处理记忆中无数的待办任务和临时出现的事情。你通过无声的大脑学会了语言,并能把它大声说出来,这要求你记得字母及其发音组合成单词的复杂方式,各种事物的说法和意思,以及如何使用至少一种语言与别人进行交流。语言会帮助你打开一个丰富的知识世界,帮你了解

第 1 章　什么是记忆

周围的人、事物和环境，从生活中获取常见的信息，学习特定领域的专业知识。

你的记忆时刻都处于活跃状态，它要处理当前的信息，随事情变化不断更新你的知识库，评估你过去的经历，并对未曾发生的事情提前创建"记忆"（想象）。这本书讲的是如何利用记忆做更多的事情，但首先你得为记忆的巨大能量鼓掌。毕竟，你现在已经获取了很多信息，能够不出差错地回想起它们，并且还在不断地获取新的信息，并将其添加到复杂庞大的存储库中，这一切都是记忆的功劳。

记忆力

你的大脑里大约有 1000 亿个神经细胞，也叫神经元，每个神经元周围又有约 7000 个连接点，与其他神经元相连接。随着时间的流逝，大脑的结构日趋简化，但它仍含有 500 万亿个突触，也就是细胞之间的小"过道"，能够提供人体所需的全部能量，产生相互关联的丰富记忆。大脑只占体重的 2%，却需要血液中 20% 的氧气才能维持正常运转。你的两个耳朵中间是一些灰色的褶皱块体，它们潮湿并富有弹性，能够容纳长达 10 万米的血管，所耗电能可以点亮一盏 10 瓦的灯泡。

● 记忆和学习

大脑是用来学习的。你已经用它获取了大量与个人经历相关的信息，继而通过各种感官将之存储到记忆中，教会自己认识世界，学会生活，并利用多种方式学习知识和进行理解。

你的第一位老师就是经验,即通过感官直接获取的那些信息。随着思考能力的不断增强,你学会了用更抽象的方式学习,能够牢牢把控自己的认知,赋予旧的事物新的概念,通过不断建立联系去认识世界。随着语言能力的不断提升,你能够从更深层次上理解问题。在数学方面,你从掌握简单的数字技巧开始,慢慢地去探索更复杂的数学问题。每种新的学习经历都会为下一次学习打下坚实的基础。通常,你在生活中获取详细的信息、了解事实和学会数学知识的同时,也会发现模式、规则和体系的重要性,并由此建立起自己的科学知识库,不断提高理解能力,更宏观地了解历史、地理和经济学等学科,认识过去、现在和未来。通过这样的过程,你会在各个学科间游刃有余,不断地学会新知识,并把它们加入庞大、多层次且内在相互关联的记忆库中。

你的基因、经历以及使用大脑的方式都会对现在的记忆产生影响,这里所说的记忆又分为以下几种类型。

记忆的不同类型

- 程序记忆指的是记得如何做事情。你一旦掌握了某项技能,运用起来就会像第二天性那样熟练,但是这一过程可能会很艰苦。你必须充分利用在此过程中可能得到的助力,合理练习,掌握一系列步骤和方法。
- 语义记忆指的是你对世界的了解。你可能已经掌握了大量的信息,但这还远远不够。提取关键信息并非易事,要把难以理解和处理的抽象信息以及碎片化知识加入大脑的记忆库中,十分具有挑战性。然而你在学习中会经常和此类信息打交道。

第1章 什么是记忆

- 情景记忆指的是你的个人经历和重要事项,其与个人的自传体记忆相关。由于回忆和想象的相互作用,你很难完全准确地记住所有的经历,但却会对某些特殊经历印象深刻。情景记忆有时会十分强烈,可以用来记忆等式、日期、语言、引用、论文和体系等任何事物。对于所需探索、理解和记住的事物,你可以想象自己和它们有紧密的联系,将本能的记忆和有意识、有目的的学习联系起来。
- 前瞻性记忆是最难控制的记忆,是指记住尚未发生的事情,比如约定、生日和待办事项。前瞻性记忆对于实现高效组织、管理和其他工作至关重要,因此也是获得学业成功的关键。

什么是学习

从你尚在子宫里时起,大脑就已经开始发育和完善。学习是通过何种途径适应这一过程的呢?答案是一系列记忆技巧,它们是特殊的思考和学习形式,本身就具有挑战性和奖励性。让我们回顾一下记忆在你的整个教育中的作用。从你还不知道学习是什么、还不会进行反思时,你就已经能构建记忆了,并由此对世界和自身有了更好的理解。在你准备以新的视角认识学习之时,不妨先考虑一下记忆的哪些方面能为你的学习提供帮助。

● 与生俱来的学习能力

你当前了解的知识是自然习得和目标性学习的综合成果,这在之后的生活中同样成立。既然你选择了读这本与学习技能相关的书,那说明现阶段的你很可能正在进行专注的战略性学习,你需要研究的是记忆对你的各个方面有什么作用。学习和应试的最佳方法其实就是核心记忆原则的扩展,而你在未出生时早就成功掌握了这一方法,只是当时自己并没有意识到。

在娘胎里的学习

实验表明,婴儿在子宫里时就能够学习声音序列。在妈妈肚子里时,他们就会对胎教音乐做出反应,对于重复性节拍可以数出拍子,一拍、两拍、三拍……人类的大脑能够辨认序列,并使用范式构造记忆。这是我们与生俱来的技巧之一,能够帮助我们学习某一特定领域的知识。

● 时间旅行

先来快速做个小实验。回想一件自己记忆深刻的童年事件——深深扎根在脑子里的特殊时刻。集中精力回顾当时的画面,同时也考虑一下与这段记忆相关的其他感官体验,比如聚会中食物的味道、乡村的气息、某件衣服的触感,或者大海的声音……然后试着用文字描述这些时刻,可以把它们写在纸上,也可以大声念出来或者只在脑海里默想。这件事情发生于何时何地?当时有谁在场?具体发生了什么?继而,会有更多的细节出现在你的脑海里,你也可以将这次记忆与别的事情联系起来。这样的记忆就像是智力拼图中的一块小图板,出于某些原因,当别的图板在你脑海里已经模糊不清时,这一块的位置却很清晰。你

第1章　什么是记忆

很难清楚地记住童年生活的每一时刻，那为什么这次经历记得如此清楚呢？

- 可能是强烈的正面情绪或负面情绪帮你创建了长时记忆。"我那天早上很兴奋，但是看到小丑出场时又感到很害怕。"
- 感官印象会加强记忆，帮你回想起当时的细节。"割草时闻到的清香让记忆中的那个下午重现眼前。"
- 理解也很重要，即便你并不知道整件事情的来龙去脉。"我当时肯定有六岁了，我们是在那一年去的法国，我清楚地记得我们是在巴黎进行的野炊。"

其中一些细节可能并不准确，甚至还会有不少错误记忆。不过，回顾由许多零碎片段交织在一起组成的经历，无疑是让记忆高效工作的重要方式。

此刻，请通过你的感官去创造一段记忆，或记忆的一部分。许多片段记得快，忘得也快，无法成为长久的记忆；但是有一些片段与其他信息夹杂在一起，从发生之时起就鲜活地留在了大脑里，成为你最难忘的记忆。自从这些片段嵌入你的脑海后，你就会时不时地、无意识地在脑子里回想起它们，甚至还可能对当初的印象做出细微的改变。这些细节让人感到亲切，很容易激发情感，传达出事实或者是启发性观点，还会与其他记忆产生关联。

成为记忆侦探

回想自己印象深刻的一次经历，努力找出你能记起的所有细节，然后翻看日记、旧照片和录像，或是和当时在场的人谈一谈那段经历，看一下你的记忆是否准确。要密切留意那些你

> 准确记入脑海的东西，但你也得明白即使是印象再深刻的个人记忆也可能有误。你的想象力会和你开玩笑，记忆往往会随着时光的流转而有所变动，这将是你日后记忆训练的重要部分。你要学会对任何事情创建必要的记忆，并通过一些小技巧使大脑牢牢记住这些东西。

● 记忆：事实还是虚构

大脑其实很难分清真实发生的事情和自己想象的经历，这二者的分界线很微妙。扫描发现，在分别回忆真实经历和想象的经历时，三分之二的大脑活动都是相同的，这个发现对日常学习具有重大意义。想象一下，如果你能够学会想象出某段不存在的经历，使它们产生真实经历一般的效果，继而帮助你记住需要记住的一切，那该多好！

> **利用困惑情绪**
>
> 想想你是否曾说过这样的话："我不记得这件事是发生在梦里，还是……"或者是"这是我想象出来的，还是……"我们之所以这样说，是因为众多梦境、幻想、富有想象力的观点以及现实事件让我们感到困惑。它们是如此相似！你是否考虑过利用这样的困惑情绪，专门设计出特殊的记忆来帮助你学习？

要想使记忆有效工作，尤其是在进行研究、学习和复习的时候，你需要利用最有力、最自然的记忆创建过程。如果你知道如

第 1 章　什么是记忆

何将一切事物转化成长久的记忆，你就能使用各种策略使记忆保持鲜活，将它们与其他记忆产生联系，在你需要的时候，检索记忆信息并加以应用。通过这种方式，你就会拥有足够强大的手段去对付学习中的任何挑战。

那么，如何使你的经历变成牢固的记忆呢？另外，不是所有的事情都需要被长久记忆，你应该如何选择自己想要记住的内容呢？

● 搜索记忆

数百年来，科学家致力于找到记忆在大脑中的具体存储位置，并探索其到达此位置的精确路径。不过事情并没有他们想得那么简单，我们离探索目标越近，就越惊异于人类大脑活动的复杂程度。即便你的大脑缺失了一部分，仍可能进行思考和学习。人脑的部分功能或许只能在特定的区域发挥效用，但是个人记忆却可以分散到不同区域，甚至连最简单的思考任务都会在大脑的多个区域引起联动。

绘制大脑地图

我们的记忆是在大脑最外层形成和存储的，其也被称为大脑皮层。四个脑叶各有专长，以额叶为例，它主要负责短期学习和各种记忆之间的协作，从过去提取信息，为未来制订计划。而自传性记忆主要依靠的则是颞叶。在大脑皮层下还有：

- 海马体能将短时记忆转化为长时记忆，对用于交流信息的叙述学习至关重要，对空间和时间记忆也起着关键作用；

011

- 小脑处理的是程序记忆和运动技能,即无须刻意思考就可以实现的强健式学习;
- 杏仁体是记住信息和处理情感的关键部位,同时对建立长时记忆意义重大。

? 全息记忆

将三维立体图呈现在二维平面图中就会形成全息图。如果把全息图分成一个个小的部分,每一部分仍会保留原图信息,只不过画质会模糊一些。这种奇怪的现象引出了"全息大脑"的理论,即大脑是否会像全息图那样,将记忆存储在大脑中的各个地方而非某个特定区域?你能把记忆想象成复杂的汇编过程而非一系列存储的数据吗?或许我们不应再从某一大脑区域里找寻个人记忆,而应绘制出整个大脑各区域相互关联的协作图,并为人脑如此精妙的构成感到自豪。

● 生存策略

记忆虽然是一个复杂的过程,但信息一旦成功存储到大脑里,就能够在丰富的互相关联的数据库中存储很长时间。我们擅长接收信息,但是之后的处理阶段就稍显马虎了。你可以轻而易举地听懂一个数学公式、阅读历史人物故事、观看建筑工艺的演示过程,但随即便会忘掉其中的细节信息。它们只会在你的大脑中短暂停留。实际上,大脑生来就会过滤掉大部分信息,否则再出色的感官系统也会因处理海量的烦琐信息而处于超负荷状态,毕竟大脑接收到的绝大部分信息都与生存和成功没有太大关系。但是，你的自传性记忆已经证明，很多事情的确能够经得起时间的考验，成为长时记忆。理解这个过程是你取得学业成功的关键一步。

● 短时记忆和长时记忆

许多因素会影响长时记忆，比如：

- 你对学习的坚持程度；
- 你对某一题材的重视程度；
- 你对某一题材的学习频率；
- 你运用某一题材的方式；
- 你为保持学习的新鲜动力所付出的行动。

不过，如果信息连第一道障碍都没有跨过，即根本没有进入大脑当中，上面的方法也就毫无意义。

在记忆研究中，短时记忆指的是瞬间的过程，而不仅仅是长时记忆的弱化形式，二者不能混为一谈。除非使用某些特殊的方式，否则信息就只能在大脑中短暂停留，并逐渐消失。走马观花或道听途说得到的信息，几秒之后就会被我们抛在脑后。我们都有过类似的惨痛教训，但这些教训并没有引起人们的重视，很多人仍然在用最被动的方式进行学习，却一直不明白为什么记不住东西。

正确使用记忆是指理解记忆的短时和长时运作模式。在下一章中，我们会讲到这一点，你需要尽早养成这种学习习惯，当遇见想去探索和记忆的信息时,就要采取行动。

记忆的生命

细节信息最初由你的感官觉察,随后被输入大脑里,紧接着暂时存储到记忆里,我们将这一过程称为"工作记忆"。在此之后,其中一些信息会被转化为更长久的记忆,我们称之为"长时记忆"。如果方法得当,这些信息可能终生不会被忘记。

帮助你了解记忆的实用小贴士

◎ **花些时间了解不同种类的记忆。**程序记忆、语义记忆、情景记忆和前瞻性记忆。对于每一种类型,找出一个具体例子,比如,骑自行车、你熟知的一项运动、你的上一个假期、你明天要去上的辅导课等,考虑一下这些记忆是怎样在你的大脑中形成的,它们的牢固程度如何,以及当你想起这段记忆时,它们处在什么样的状态。

◎ **选择一件最近发生的事情。**这是一件发生后你便没再回忆过的事情,你需要通过逐个感官(视觉、听觉、味觉、触觉和嗅觉)去回想,了解每一种感官是怎样帮你重拾记忆的。要注意把握感官激活记忆的方式,理清哪些感官对你激活过往记忆的帮助最大,并思考哪些感官是你需要加强的。

◎ **在考虑长时记忆的同时,还应注意掌握短时记忆的技巧。**找一个朋友,让他读一遍下面的数字。在他读完每组数字后,等上 10 秒钟,你再尽量重复自己记得住的数字。利用这种方式,

第1章 什么是记忆

你最多能记住多少数字?你认为这样的学习有用吗?你觉得自己能够本能地记住这些信息吗?

374
9621
69205
782041
6392045
82983461
083928745
2563647823
90573184937
369281046254
9538263791025
26159273648592
982091678253917

 现在要做的……

1. 选择自己擅长的领域,可以是教育、运动、休闲或者社交活动,思考记忆是如何帮助你吸取大量信息的,并学会复杂的记忆技巧,重视并感激记忆的力量。

2. 无论何时,当你想起过去的一段经历时,要注意组成这段记忆的多个层面。习惯从不同的角度和多个感官层面探索记忆,琢磨一段记忆是如何激发起其他几段记忆的。

3. 反思你的日常学习。要诚实地问自己，你的记忆对你的帮助有多大，它是否拖累了你？现在你对记忆已经有了较为深入的了解，明白了它的各种形式，下一步你应该找出记忆的哪些方面能最大限度地促进你学业进步了。

HOW to Improve Your Memory for Study

第 2 章

记忆是如何形成的

为什么有些事情能够从"时效性"极其短暂的工作记忆转变成长久的记忆,而另一些事情却一转眼就被我们抛在了脑后?如果你忽略了记忆形成过程的最初阶段,那随后的各种研究、学习势必陷入极大的困难中。要想在学业上表现优秀,你需要知道如何有效地获取信息,然后长久地记住,并将其形成丰富鲜活的记忆。

通过本章,你可以了解:

- 记忆的四个阶段;
- 信息如何从短时记忆转化为长时记忆;
- 大脑在记忆和遗忘上的本能;
- 记忆形成阶段的破坏因素;
- 长时记忆的形成过程。

● 记忆需循序渐进

记忆是一系列复杂的过程,一般会分为四个阶段。你想要训练记忆,就要做好以下四件事。

- **获取信息**。在收集自己想要记住的信息时,要集中注意力,准确使用感官。
- **抓住信息**。尽量不要遗忘重要信息,保证将其转化成长时记忆。
- **存储信息**。用有效持久的方式记忆细节信息,并对其进行强化与保护,以便信息能够长时间存储在大脑中,继而得到应用。
- **提取信息**。在合适的时候,将自己需要的信息提取出来。

如果不能有效地获取信息,你的学习成绩肯定会受到重挫。很多人把太多的时间浪费在与记忆系统不相符的学习方式上,希望大脑在这种情况下加速前进是不切实际的。你能得到大量的信息,但怎么保证它们不会左耳朵进,右耳朵出呢?

● 工作记忆

你所获取的感官信息能够成为短暂的工作记忆,并有可能长久地留在记忆里。事实上,在信息获取的过程中,不同的记忆过程都有可能将获取的感官信息转化为长时记忆。这是大脑记忆的一个关键阶段,对学习至关重要。如果有价值的信息在此阶段没能被深入存储,再想恢复就难上加难了。

工作记忆包含了一些比较特殊的重要的系统,它能帮助你将获取的信息暂时存放在大脑里。

第 2 章　记忆是如何形成的

● 语音环路

声音进入你的大脑后,概念会到达语音环路中,它是大脑中的"耳朵"。你需要不断地重复这些声音,使其融入你的意识当中,否则记忆会迅速消失。

变戏法似的声音

关于工作记忆的一个典型测试:如果你在播放收音机的过程中或者在一个吵闹的房间里听到一串电话号码,在你环顾四周想找纸和笔记下来的时候,你会努力使号码在语音环路中回响吗?回想一下,你会不会在嘴里不断地重复这些数字,甚至是用特殊的韵律读出来呢?

● 视觉空间模板

视觉空间模板是大脑的"眼睛",主要处理图像类信息,包括图形、空间、颜色和运动等。与语音环路一样,存储在视觉空间模板的信息也会快速消退。不过,集中注意力或者保持记住某些信息的决心能够使自己忘得慢一些。

集中精力

想象一下,老师向你展示了一幅写满数字且必须牢记的图表。当你将视线从图表上移开,脑子里回忆图表信息的时候,这份信息能在你的视觉空间模板上存储多久?多长时间之后你才会需要重新审视"屏幕"以确定自己是否仍旧记着它?

● 情景缓冲器

工作记忆会对由文字形成的语句以及由视觉或声音形成的感官或故事做出反应，负责这一机制的是情景缓冲器，它能够让你将不同的感官信息互相联系，并在一定程度上把它们存储为不同的序列。

> **? 能够正常工作吗**
>
> 回想一下你上一次看的演出、电影或者课堂上观察到的展示。无论是语句、动图还是实践教学环节，这些序列都需要情景缓冲器来处理。这一记忆系统的缺陷在哪里呢？那就是，再清楚的结构也无法完全让信息存储在你的脑海里。

● 中央执行系统

上述工作记忆的三种机制由中央执行系统控制协调。中央执行系统负责做出重要决策、调整策略以及关注特定信息。在你开始考虑短时记忆如何工作的时候，你会快速意识到，很多重要的因素影响着哪些信息会被记住，哪些信息会被遗忘。

● 测试你的记忆

这里有一个对短时记忆的经典测试，能够揭示大脑日常工作，尤其是学习过程的重要方面。测试主要针对记忆的早期阶段，即你在获取信息之后努力进行记忆的过程。要想得到最有效的练习，先别管任何学习策略，找个朋友为你朗读下面这些单词，然后感受一下，当你听到一系列随机的词语时，你的记忆是如何工作的。

帽子　大树　玻璃　蛋糕　传单　鸡尾酒　足球　靴子　鹦鹉　安静　苹果　暴乱　硬币　共饮　虎皮鹦鹉　劳累　外套　直线　夏洛克　福尔摩斯　书柜　焰火　澳洲鹦鹉　云彩　马匹　散步　贝壳　领带　娃娃　老师

如果你把上述词语存储到电脑文档里，只要电脑硬件和软件正常运行，信息就会长久保存，但是人脑的工作记忆并非如此。这些清单里的每一个词的可记忆性都不尽相同，而学习和记忆的过程也并不稳定且难以预测，但是我们仍能发现一些关键的原理。

先尽最大努力回想上述单词，然后向你的朋友复述一下，或者自己先默写再检查，看一下你记住的结果是不是和原来的词语一致。

● 首因效应

最开始学到的东西往往更容易记住，你肯定记住了帽子、大树和玻璃这几个前面的单词，因为这个时候你的学习能量比较强，注意力比较好，不会被其他东西干扰。

❓ 在行为表现上的首因效应

你有没有发现自己对课堂开始的几分钟或者学习初始阶段所读到的东西记得更清楚。相比之下，你在学习中期所学的内容，记忆肯定会模糊很多。事实证明，你在中期阶段的记忆力的确会减退。

● 近因效应

在学习阶段的末期，你的记忆力又会重回巅峰，不用花很长时间就能够记住一些细节信息，如老师、娃娃、领带和贝壳这几个词。因为这个时候不会再有新的词出现去干扰你之前记住的东西。

❓ 如何交朋友以及影响别人

俗话说，第一印象特别重要。其实，最后的印象也相当重要。当你第一次接触新课程，在课堂中进行演讲展示，或者是与新朋友、导师第一次见面的时候，你有没有注意到自己在开头和结尾时说的话。考虑一下，你说的这些话会给别人留下怎样的印象？

分配时间

从现在开始，组织一场调研、读一本书，或者进行一次反馈练习，学着在初始和收尾阶段处理最重要的信息。充分利用首因效应和近因效应，把更多的时间用于初始阶段和结尾部分，从而做到更高效地分配时间。

● 冯·雷斯托夫效应

一般来说，我们更容易记住与众不同的或是标新立异的信息。德国心理学家、内科医生海德维希·冯·雷斯托夫（Hedwig von Restorff）曾指出，具有奇怪、原创、幽默、惊喜等特质的信息更容易引起我们的注意。由于明显区别于其他普通信息，特殊信息更容易被我们所熟记。当你听到清单里的夏洛克和福尔摩斯时，你会明显感觉它们和其他词语不一样，因而更容易记住。

与众不同

再回想一下上述清单里的其他词语，哪一个单词在某种程度上与众不同？你是否发现，自己没记住的词大多过于普通，比如传单、劳累和散步等？

怪异是件好事情

从今天开始，你可以在学习当中运用冯·雷斯托夫效应。给你的笔记加一点特殊的符号，用一些能够使你牢牢记住的方式标注细节信息。如果这些特殊符号能够使你产生强烈的反应，那么不妨在笔记上加一些亮丽的颜色或使用奇怪的字体，效果会比较明显。不过也不用做得太夸张，只要能突出重要信息就好。

❓ 只要有效，什么方法都可以尝试

思考一下，在上述任务中，你的工作记忆是如何帮助你的？最后听到的那几个单词仍然存在于你的语音环路中吗？那几个发音特殊的词语是不是记得比较轻松，比如澳洲鹦鹉[①]？哪些单词能够通过视觉空间模板激发你的图形记忆？比如说焰火、暴乱等。情景缓冲器是不是在联系词语的时候起到了一定的作用？比如说足球和靴子这两个词。大脑在听到鹦鹉、虎皮鹦鹉、澳洲鹦鹉等词语时把它们分成一类了吗？或者说大脑已经开始自行创建一些序列，比如鹦鹉在云彩上飞等？

✓ 切勿囫囵吞枣

大脑能够本能地"咀嚼"信息，并将其分门别类，不过前提是你得先有意识地将不同性质的信息分别进行记忆。比如说，把你的科学词汇表分成不同主题的词组。认真组织学习材料，有助于它们更好地进入你的记忆库当中。

● 瞬时遗忘的信息

上述实验在一定程度上揭示了为什么我们的学业没有达到预期效果，原因之一就在于给出的材料难以记忆。在收到材料时，我们常常会发现纸上的文字看上去都差不多，但所讲的概念却大多数十分抽象，相互之间毫无关联。如果只是阅读材料或是听到

[①] 澳洲鹦鹉的英文是 cockatoo，读起来比较顺溜。——译者注

第2章 记忆是如何形成的

这些信息，大脑的记忆系统会本能地尽最大努力进行记忆，但这一过程十分困难。大脑和电脑不一样，单纯输入信息是无法将其全部存储下来的。

还有一些因素不利于记忆的长久存储，其中包括注意力不集中、动力不足、缺少提前准备等。这些负面因素不但会增加本次词语测试的困难程度，对日常学习也很不利。因此我们一定要意识到记忆遇到的所有初期挑战，否则学习将可能一直处于低效阶段。

干扰

在记忆过程的初始阶段，大脑对信息掌握得往往比较松散，很容易分神。许多调查者研究过记忆的干扰因素，并提出了前摄干扰和倒摄干扰这两个概念。

前摄干扰指之前获得的信息对刚看到的材料产生干扰。倒摄干扰指新出现的相似信息对之前看到的材料产生干扰。

假如你要记忆一系列化学元素，如果你刚刚看完其他类似的列表，或者在读完化学元素表后又看了另一组奇怪的数据，那么你将很难记住想要记忆的那一系列化学元素。事实上，任何一种会使你大脑分神的活动都会干扰长时记忆的形成。

调整和休息都有益于记忆

认真规划学习时间能帮你有效地对抗干扰因素，因此要记得避免一次学习过多相似的知识。按时进行科目的交叉学习不但能够避免信息的混淆，还有助于获取更多的信息。你需要时刻警惕那些容易使你分心的因素，它们会极大地损伤你的记忆力。

现在你已经了解到，你在学习当中需要跨过一道道障碍才能到达彼岸，但不要因为这诸多障碍而灰心丧气。意识到困难的存在反而是解决难题的第一步。有了好的开头后，才有可能真正掌控整个学习过程。

你需要看清自己的记忆水平到底如何，试着找出其优点和缺陷，然后改进记忆方法。成功的人往往知道如何创建正确的条件，使用最佳的策略，从而使自己的学习方法和生活方式符合大脑的最佳工作方式。事半功倍即是如此。

> **营销记忆**
>
> 回想一下广告商们是如何激发你的记忆力的。来自收音机里、广告牌上以及电视或电影院屏幕上的广告经常能轻而易举地给你留下清晰的印象，那是因为广告中的照片、标语、声音、笑话、惊喜、情感等很多特质能够让信息长久地留在人们的记忆里。那我们是不是也可以尝试用广告的营销方式进行学习，把获取的信息卖给自己，保证所看到和听到的一切信息都能牢牢地记在脑子里？

● **有效的学习**

记忆力的好坏，或者更精准地来说，你对某件事的记忆深度和强度与你经历这件事情时的情绪有很大的关系，因为那些关键的早期阶段决定了记忆的形成。

我们在经历了某事之后，会获得很多信息，但奇怪的是我们只能记住其中一部分。当我们想要找出对自己的理解能力、幸福程度甚至基本生存产生长期影响的重要信息时，大脑总是很清醒。虽然所获信息的短时记忆可能最终演变成长时记忆，但如果这些材料本身的可记性不高，那你就需要采取一些措施帮助记忆，否则这种演变就会变得非常难以实现。事实上，我们遗忘的大多数信息也没有记住的必要。这里需要提醒大家，只是简单地坐在教室里听课或者反复读笔记和课本并不是促进长时记忆的有效方式，这两种方法也不属于上面提到的"一些措施"。

> **来得快，去得快**
>
> 在你当前的学习过程中，哪些地方是最容易且遗忘最快的呢？是否存在一些信息无法激起你的兴趣，让你难以理解，容易与其他信息混淆，并且让你觉得它们与成功关系不大？如果你要和这些信息打交道，比如它们是你工作的一部分，或是为了应对考试而必须记住它们，那就由不得你去排斥它们，你必须主动地启动记忆，并进行学习。

● 学会掌控

研究短时学习可以为你了解大脑如何发挥出最佳水平提供一些重要的线索：

- 加强感官体验；
- 与自己对话；
- 使用图像辅助；
- 结构和序列；

- 研究产生注意力的原因。

你需尽最大努力利用大脑的内在机制克服种种干扰，采取与记忆形成相符合的方式主动行动。优秀的学习者们早就开始这么做了，他们能够运用正确的学习方式，合理利用大脑，获取所需知识，增强每一种学习材料的可记忆性，并在必要的条件下进行广泛的交流和应用。

上述方法的真正好处在于它能够被应用到学习的方方面面。当你要计划一场调研、参加讲座、观看实践成果展示活动、去旅行、做笔记、搜索网站时，你都可以利用大脑的内在机制，而不是坐在课桌前死记硬背。运用与记忆形成相符合的记忆方式能帮助你更高效地获取信息，记住信息，运用一切辅助因素获得成功。

现在是你激发记忆潜能的最佳时间，开始运用真正有效的方式进行学习吧！

产生持久记忆的实用小贴士

◎ **回顾之前获取信息的方式。**哪一种策略是你最常依赖的，哪一种策略又是真正有效的？哪些时候你能很自信地获取信息，哪些时候又比较艰难呢？你必须认真揣摩这些问题，清楚知道哪些策略能够真正帮助到你，并积极地掌握它们。

◎ **在工作记忆的多个方面进行实验。**既然自己重复说出一个日期能够加强记忆，那把这个数字放在视觉空间模板上，也就是在脑子里写出来是不是会更容易记住？如果你在脑海里想象朋友向你解释一项艺术技能,不断在大脑中重复朋友的话对记忆有帮助吗?当你在空气里写方程式,用脚趾默默敲出旋律,或做些其他能够支持工作记忆的事情,并将它们应用到考试中时,是否会有什么意想不到的效果?

◎ **选取三四种强有力的个人记忆,并思考一下为什么它们能够停留在你的脑海中。**为什么一些细节信息能够长久地留在你的脑子里,那是因为它们会对你的感官产生了影响,还是具有非比寻常的条件、包含了某种情感因素,抑或是它们有某种特定的记忆需要?有别的什么魔力?认真思考一下吧!

GO 现在要做的……

1. 在日常行为中观察工作记忆。当你阅读(参见第 10 章)、倾听(参见第 11 章)、观看或者采取行动的时候,要试着留意大脑是怎样获取信息的。你读书的时候是在跟自己对话吗?在你投篮之前脑子里会闪现出篮球的运动轨迹吗?你为什么到现在还牢记着这句话里的第四个字?对大脑工作了解得越多,你就越容易赢在初始阶段。

2. 在日常工作中观察首因效应和近因效应。找出那些你能自然而然就记住的发生在开头和结尾的事情,比如第一印象、分离时说的话、书和电影的开头和结尾,然后试着了解记忆力的长处和弱点。

3. 不要把记忆当作你拥有的东西,而要把它当作你要做的事情。那些优等生的大脑和你的大脑并无二致,他们只是在信息获取的最初阶段就开始运用大脑的记忆机制。本书的记忆技能生动有趣，富有能量，能够让你很好地掌控学习。所以试着把你的记忆当作一系列有待强化的技巧，准备好运用一些前所未有的方式去驾驭它吧。

HOW to Improve Your Memory for Study

第3章

启动记忆

现在是你全方位掌控记忆的时候了。大脑分为两个半球,各自擅长不同的思维方式,充分发挥大脑的学习潜能需要两个脑半球的协力合作。想象力会使你的信息处理水平更上一层楼,帮助你创建良好的长时记忆。你也需要运用感官丰富自己的学习,建立各个脑部区域之间的联系,实现强有力的全脑学习。

通过本章,你可以了解:

- 左脑型思维和右脑型思维;
- 全脑学习的目标;
- 怎样激发想象力;
- 运用全部感官促进记忆。

● 使用大脑

成功的学习需要灵活使用并掌控记忆，这并不是让你死记硬背，而是运用不同的策略使用大脑，比如认可自己的思维技能，改变大脑的使用方式，从而实现更高层次的学习。位于两耳之间部位的电化学机构可能只是一个器官，但大脑两个半球及其成分要复杂得多。我们需要更好地理解它们的特征，只有协调使用两个脑半球，充分发挥大脑功能，才能实现最佳的记忆效果，掌握学习和记忆的真正能力。

● 记忆艺术背后的科学

神经科学系统地解释了为什么经典的记忆技能如此有效。现代脑成像技术揭示出，在左右脑半球的运行机制下，数千年前就已形成的学习体系与记忆的形成方式完美匹配。记忆是全脑活动的组合过程，在此过程中，左右半脑分别扮演着各自不同的重要角色。

? 你是左脑型思维还是右脑型思维

左脑型思维和右脑型思维对你意味着什么？你是否用这两个术语描述过自己？你是否甚至做了一些测试来研究自己到底受哪一种思维方式的主导？你是怎么看待这一问题的？你是否相信其中一种思维方式比另一种更有用、更具吸引力呢？我们要对大脑的左右半球进行探索，研究为什么它们对良好的记忆不可或缺吗？不过，请先回想一下你对左右脑半球及其形成有多少了解。

斯佩里割裂脑实验

早在20世纪60年代，美国神经生物学家罗杰·斯佩里（Roger Sperry）及其团队对做了割裂脑手术的病人的脑功能进行了系统的研究。这些病人在接受癫痫治疗时，连接其左右脑半球的胼胝体被切断。斯佩里分别对两个脑半球进行了单独的研究，确定了各自的专门领域，发现左脑是分析思维的中心，右脑主要负责空间感知，不过大多数活动都需要左右两个大脑半球共同合作。参加斯佩里实验的病人大脑中，由于两个脑半球的信息不能共享，信息无法互相传达。两个脑半球都能独立工作，学习不同的知识，持有不同的观点，不过都没有意识到彼此的存在。在实验中，当信息的输入和处理需要两个脑半球共同合作时，病人就会遇到较大的困难，难以完成任务。因此，不能简单地说左右脑半球分别负责数学和语言的任务处理，几乎所有重要的思维领域都需要左右脑半球的协力合作才能进行。

● 左脑和右脑

左脑擅长分析、组织和下定义。在数学领域，左脑擅长精准的计算、严格的比较以及运用逻辑思维解决问题。在语言方面，左脑能够运用语法和句法进行结构处理，为单词和短语下定义。左脑型思维强调顺序、线性关系和逻辑。

在数学领域，右脑能够提供通用的范式，检查相近的答案，处理形状和空间问题。同时，右脑支持语言发音，对听到或读到的信息产生感性回复，探索语言和观点的精妙之处以及多重含义，是视觉图像、非逻辑和直觉思维的控制中心。

● 全脑思维

要想成为高效的思考者和学习者，你需要结合使用左右脑。左脑能够容纳更多的细节信息，但如果没有右脑的整体把握，也不会有多大意义。右脑能够辨认出人脸，不过若是没有左脑识别名字的本领，也没有什么用处。在其中一个脑半球输入的信息必须得到另一脑半球的平衡和支持才能被高效使用。右脑的直觉思维会丰富左脑的逻辑思维。正如斯佩星在实验中所发现的，就算是最具艺术天赋的右脑型思维者，也十分依赖左脑的思维技能。要激发你的学习记忆，你需要现在就启动整个大脑。

> **别找借口**
>
> 不要再给自己贴上左脑型思维或右脑型思维的标签，也不要迷信其中某一个半脑更有用、更有价值。由于每个人的性格不同，我们可能会更倾向于某种特定的思维方式，不过要想发挥出最佳水平，尤其是在学习方面，我们一定要学会同时使用左右大脑。

● 全脑记忆

最好的记忆方法需要左右大脑协力合作。你可以在大脑中绘制一些图片，提醒自己要了解的东西，让它们更容易记忆，更加符合大脑的工作方式。想象属于右脑活动，因此你可以额外增添感官细节和丰富的情感，让想象力在大脑里肆意驰骋，放大图形的力量，积极发掘乐趣，大胆冒险，让一切看上去超乎真实，出人意料。

之后，利用左脑的逻辑思维对你联想的内容进行组织，将其有条理地存储于大脑中。结构化思维方式能够让你把图片与情景故事联系在一起，用安全且富有策略的方式进行学习。

当你需要找寻从前的记忆时，你就会知道去大脑的哪个区域寻找关键信息。你可以充分利用左脑精确地记忆、组织和计算，并和其他材料进行高效对比。同时，你也可以进行感性处理，找到新的关联和深层含义，利用右脑整体把握信息内容。

● 想象力是关键

对于许多学习者而言，想象力都是其软肋。想象力虽曾在他们的娱乐、倾听、阅读和信息获取中起到过至关重要的作用，但是随着年龄的增长，他们往往会忽视想象力的重要性，并认为其对学习没有太大帮助。这可能是因为想象力在成人看来十分幼稚，与所学知识没有实际关联。而在他们接受的教学方式和教学材料中，对想象力的培养又占据多大比例呢？典型的大学教材或课件与引人入胜、想象力丰富的童书就相差甚远。课程题材本身可能十分具有创造性和鼓舞性，但由于表现得不太明显，学习者很难真正地充分发挥想象力。

要把想象力融入学习当中，你需要使用左右大脑，结合图片和故事，将天马行空的想象和逻辑严密的思维方式、冒险的实验和实际的结果共同利用起来。古希腊和古罗马曾经为想象力喝彩，文艺复兴的学者也十分清楚它是掌握记忆的秘诀，现在你应该也认识到这一点了吧。

● 启动记忆

不管你信不信，你的想象力已经十分出色，每天晚上你都会做一些离奇古怪的梦，在白天你也能显示出自己的艺术天赋，对复杂的问题给出充满想象力的答案，感受到隐晦笑话的笑点，幻想出未来的种种可能性。当同学在课堂中描述某个问题时，你能够在脑子里想象出画面；打电话处理复杂问题时，你可以在大脑里将问题转换成实际情景，再进一步分析；听广播剧的时候，你能幻想出故事发生时的画面。你无须刻意为之就能将想象力发挥得淋漓尽致。但问题是，要想真正充分发挥想象力，尤其是你的学习题材看上去需要更直接和更保守的方法时，你能大胆想象吗？你准备好把它作为学习的核心策略了吗？

● 利用感官实现成功

下面的几个小练习将先测试你的视觉想象力，也就是你在大脑中创建生动图像的能力，然后会延伸到其他感官测试。就像那些印象深刻的梦境或者情节惊险刺激的小说，你创造的想象力能够刺激听觉、触觉、味觉和嗅觉。当你将其他感官体验融入自己的想象力构建当中时，记忆效果就会更好。现在，你要学会深入参与学习过程，以可持续的方式进行学习，帮助自己探索、理解以及联系信息，然后把它们记住。

● 眼见为实

第一个练习重点是视觉体验。下面八件事需要你在一周内完成。通过图片想象的方式做好这八件事，加强你的记忆力：

- 去图书馆归还图书；
- 参加游泳队的选拔；
- 报名参加小组辅导课；
- 安排好明年的住宿；
- 购买新的打印墨盒；
- 核查学生贷款结算表；
- 阅读课本里的土壤类型一章；
- 购买戏剧门票。

去图书馆归还图书。设计一幅图片描绘上述清单中的第一个任务。至于图片的最好选择，可以是你大脑中最先想到的图片或者是你认为可能在儿童图书或电脑里的 PPT 上出现的图片。它也许是一堆放在桌子上的书，图书馆的入口，或是略带怒色、警告你不要再延迟还书的图书管理员。认真选择这幅图片，花几秒钟在大脑里进行思考。

> **再看一次**
> 先从一个单一的角度观察大脑中的这幅图，然后试着变换位置。当你从远处望，近距离看，从下面和后面观察，甚至从

> 图片里面向外看时，它会有什么变化？使用左脑检查细节信息，然后使用右脑观察图片整体构造，尽可能全方位地明晰这幅图。

参加游泳队的选拔。对于这个任务，你可能会画游泳衣、游泳池中的跳水板，或是跳入水池后形成的水花。先从最基本的内容开始画起，再增添细节信息，要关注颜色、形状和笔迹等任何能够加强记忆的方面。

清单里的其他六项任务也按照这个过程进行一遍。

? 了解自己的思维方式

> 当你选择用此类图片练习激发自己的想象力时，你觉得这样的方法困难吗？哪种情况下你很容易就能构造出图像？哪种情况又很难在脑子里画出图来？哪些要素的记忆效果最好，是物体、人物、地点还是卡通角色？记忆效果最好的图片是运动的还是静止的，大的还是小的，是从远处望去还是近距离观察到的？学会了解自己想象力的特点，发挥自己的天赋，同时提高短板。

在你为上述清单中的八项任务创建完图片之后，你能立马回想起多少个？你记起的任务是按照给出的顺序排列的吗？有一些任务可能更难回想起来，但当你真正记住它们时，你会享受到令人振奋的满足感，因为利用富有想象力的方式掌握信息后，信息的所有权会归你所有。图片会吸引你右脑的注意力，之后由左脑把图片联系在一起，使其更安全地存储在你的大脑里。这属于全脑学习的行为，简单来说，是利用左右大脑的思维方式刺激记忆力（见第 8 章）。

想象一本从图书馆借的图书从书堆上面掉了下来……

- 跌进游泳池；
- 被你的老师捡了回来；
- 他为这本书添加了封皮；
- 封皮由一个陈旧的打印机墨盒做成；
- 盒子里装满了钱，硬币和票据都露出来了；
- 放在满是泥土的地面上；
- 你用陈旧的戏剧门票才把盒子勉强裹住。

花些时间创造自己的记忆故事，保证自己能在大脑里看到图片并记住它们的意思：书是指图书馆的书要还了；游泳池提醒你别忘了报名游泳队；导师是要告诉你按时参加辅导课等。这样你应该能记住这八项任务，无论是正序还是倒序。你既然决定要记住信息，请激活大脑，利用想象力，让信息更好记忆。任何观点和想法都可以转化成图片，在大脑中得到探索和组织，然后留在大脑中。关键信息可以用视觉符号标注出来或者用亮色标注。同时，你也可以删除、增添或更新细节信息。总之，掌握图形思维是控制大脑记忆的早期重要步骤。

● 听觉建议

我们的世界很少有安静的时候。声音对于改变我们的情绪，保持警惕以及帮助我们入眠都有重要的作用。我们拥有多种不同的听觉经验，这有助于我们丰富视觉图形，并加深我们所构建的记忆的维度。

下面是五种不同的化学元素，先按正常发音读几遍，然后认真听每个词语的发音方式。开始做一个小实验，对不同的字进行重读，夸大每一个字的发音，用你自己的方式让这个词语变得更好记，使它在你大脑的"耳朵"里回响。

- Potassium（钾）；
- Manganese（镁）；
- Zinc（锌）；
- Tungsten（钨）；
- Argon（氩）。

你可以轻声读"Potassium"中的"ss"，发出"次次"的声音；强调"Manganese"中的"e"，把它拉得很长，读起来像Manganeeeeeeeeese；强调"Zinc"中的尾音，读作 ZinC；模仿铃铛的声音读"Tungsten"；像海盗一样大声喊出"Argon"这个词。

? 想象力的回声

使用上述方法大声读出词语是否对你的记忆有帮助呢？尝试想象你的电话铃声、熟悉的好朋友的声音或每次关门时发出的声音，来测试自己的听觉想象力，然后考虑它对你的学习过程是否有用。

使用这种方法可以帮你快速记忆专业的科学术语。同时，音景[1]可以加强各类生词的记忆。比如说，我们可以用这种方式记忆化学元素，尝试用最引人入胜的有趣方式进行发音，同时可以在元素之间增强流畅度，比如把"potassium"的最后一个字母和"manganese"（原书为 manganeese）的第一个字母连成一个词。

然后，回到在第一个练习中需要记忆的待办清单，比如去图书馆还书、报名参加游泳队等。尝试将声音融入图形当中，看一下记忆效果是否变得更好。你能给每一项待办任务增加合适的声音效果吗？举例来说，去图书馆还书这项任务可以想象或纸张摩擦的声音，把参加游泳队与水花迸溅的声音联系到一起，把报名参加辅导课和你最喜欢的老师的声音相联系。这种方式能加强大脑对初始信息的处理，便于你更快速、更精准地记住信息。

● **味觉测试**

味觉能帮助我们注意到什么食物坏掉了，让我们重新做出充满幸福感的营养美食。味觉和记忆关系密切，即便是假想的味觉也会帮助我们记忆，比如光是想到美食都可能让我们流口水。

使用下面的练习，检查一下你能否进行味觉联想并将其应用到学习当中。下面七个国家是国际货币基金组织公布的 2012 年国内生产总值世界排名中的前七名：

● 美国；

---

[1] soundscape，音景，又译为声景或声境，是声音景观、声音风景或声音背景的简称。——译者注

- 中国；
- 日本；
- 德国；
- 法国；
- 英国；
- 巴西。

在每个国家找出一种代表性美食，想象出它们的味道是怎样的？先进行单独想象，再把想到的美食联系到一起。你可能想去美国吃一口汉堡，在中国吃一碗米饭，再去日本尝尝寿司。要注意不同国家的美食在口味上有哪些相似和不同之处。想象一下，这可能是一桌有着七道美食的盛宴，吃完寿司和德国火腿，再尝尝法国奶酪。味觉是否能帮助你记住这七种食品以及它们所代表的国家？

利用品尝美食的亲身经历和个人喜好加深自己创建的记忆。回到待办任务清单中，你能否想象出自己咬下的书的一角，在游泳池中吃掉的化学药品，以及老师经常给你们的发潮饼干会是什么味道？增加味觉联想是否对你的记忆有所帮助？

● 神奇的触觉

触觉想象难度很大，但也并非没有可能，而且一旦熟悉掌握，会对记忆产生巨大的好处。触感能引起强烈的情绪，能在一段时间内改变你的心情：入冬后的浴室地板、刀子般锋利的纸、你的宠物猫的软毛……类似的触感能够增加你创建记忆的丰富性和影响力。

试着记忆下面一系列体育运动，将注意力放在触感上。对每一项运动进行触觉想象，尽可能清楚有力地将之记在大脑当中：

- 标枪；
- 跳远；
- 推铅球；
- 跳高；
- 撑杆跳；
- 掷铁饼。

你可能会想象标枪前端的尖锐感、跳远所在沙坑的摩擦感、铅球的重量等。为每一项运动想象一种触感，然后看一下它们会不会帮助你记忆。

现在尝试为待办清单中的任务增添触觉想象。比如，在第一项任务中想象用手指触摸图书封面凸起的标题，将第二项任务与手指在游泳馆中的凉水里拨动的触觉产生联想。对待办清单中的图形进行触觉联想以加强记忆。

● 嗅觉的胜利

我们都很清楚嗅觉和记忆有着强烈的联系，某款特定香水、某道美食或是化学药品的味道以及学校教室的气息，都可以迅速地把我们的记忆带回数十年前，并引起其他的感官记忆，使我们进入强烈的正面或是负面情绪当中。迅速辨认各种气味的能力对我们有很大的帮助，它也是大脑中的自然机制之一，能够与其他感官一起被运用到学习过程当中。

你能够运用嗅觉感官记住奥运五环的颜色并把它们联系到一起吗?

为每种颜色选择一项有独特气味的东西,比如你可能通过蓝色联想到酸酸甜甜的蓝纹奶酪,由黄色想到香蕉,由黑色想到焦糖,由绿色想到清新的芳草,由红色想到一朵美丽的红玫瑰。与之前的练习一样,快速为原始信息增添感官体验会加强记忆。针对此次练习,请利用左右大脑将这五种颜色编成一个记忆故事。先进行视觉联想,保证大脑里的图形清楚有效,能够使自己记住信息,然后将图片与气味及其激发的情绪联系起来,为记忆穿上一层坚固的外衣。

? 接下来的步骤

如果为蓝纹奶酪和香蕉三明治抹上焦糖,在草地上晾干,然后用一朵漂亮的玫瑰花进行装饰,做成的食品会是什么味道呢?这样的联想是否能让你更好地记住信息?思考一下,上述奇特的策略有没有使你记住奥运五环的颜色,有没有对你的学习产生巨大的帮助?你的课程材料中有没有哪些重点信息是可以用富有想象力的方式来进行记忆的?它可能和你之前接触的学习方法有很大不同,但是你觉得它的效果怎么样?是幼稚、不合适、怪异、愚蠢,还是有效的呢?

最后,在你的待办清单中增加嗅觉想象。你已经为待办任务加入了明显的图像、声音、触感和味道,为何不再增加一层感官体验激发你的思考能力,启动更好、更深的记忆?尝试一下,如果你能想象图书馆发霉的气味、游泳馆里的氯气味和导师剃须后涂抹的润肤水的气味，你会不会更清楚地记住前三个任务？

找碴游戏

花时间思考一下，你都为上述那些原始信息做了哪些事情。起初它只是八项平淡无奇、容易遗忘的任务，经过学习后，它变成了丰富生动、引人入胜的记忆库，充满细节信息和感官联系，能够刺激情绪，能大大增加信息的可记忆性。你学习信息的方式说明，信息是可以被探索、调整、放大以及记忆的，一定要对自己有信心。你的想象力为你掌控信息提供了基础动力，现在你能发现此类脑力训练和激发性学习如何在当前学习甚至整个生活中发挥作用吗？

启动记忆的实用小贴士

◎ **将图形视作记忆的基础。** 从课件、课本、老师和同学给出的学习材料中找出图片信息以加强记忆。如果获得的信息中没有图片，那就自己发明出来，用生动的图片代替你需要了解和记忆的信息。

◎ **在学习中尽可能下意识地使用所有感官体验。** 根据声音、质地、口味和气味，为所需记忆的信息增加生动的元素，看一下它们能否产生一系列可记忆的综合感官体验，并将这种方法运用到你今天所学的课程当中。

◎ **加强细节的同时，保证你能掌控全局。** 如果你了解所需掌握信息的目的、结构和更广泛的意义，无疑会更好地激发大脑。

GO 现在要做的……

1. 从你的课程中选择五个经常弄混、记不住或不会使用的单词或短语。思考它们的准确含义，为每一个单词或短语设计一幅清晰的图片，看一下想象力如何发挥最大化的记忆唤起效应（见第 14 章）。

2. 挑选课程中的独特部分。可能是一个历史时间、一幅特定的画或是一个重要的政治理论，用你不太常用的感官体验将信息联系起来。花几秒钟时间动动"大脑肌肉"，想象战场的声音、颜料的味道和历史名人的皮肤触感。运用想象力，用这些神奇的方式记住信息。

3. 写下属于你的待办清单。清单里是你下周、下个月甚至是整个学期需要完成的任务。尝试为每一个任务创建一幅充满想象力的图片，融入其他的感官体验，进行合理组织，使其牢牢地停留在你的大脑里。不过，要保证把清单放在触手可及的地方（见第 14 章）。

HOW to Improve Your Memory for Study

第4章

正确的学习态度

你对待记忆的方式深刻地影响着你对记忆的使用方式。它会影响你设定的目标和投入的精力,以及你在思考、学习和记忆方面的实际能力。在本章中,你会分析自己目前对记忆的态度,探索你在学习的不同方面有不同方式的原因,改进方法,以便充分利用自己的大脑。

通过本章,你可以了解:

- 学习态度和记忆的联系;
- 个人生活如何影响学习;
- 不同的学习方法;
- 如何移除个人的记忆障碍;
- 利用不同的心态来提升记忆力;
- 树立良好的态度。

● 关注感受

想改善记忆力,你需要探索自己对于记忆的感受。学习是一项情感挑战,它迫使你离开"舒适区",直面恐惧、逆境和高压作战。在这一过程中,你对学习技能的态度是应对困难的关键因素。良好的态度有助于你明确自己该投入多少精力、将主要精力集中在哪些地方、采取怎样的实践方法、如何正确处理困难、是否要继续维持当前的策略以及了解大脑是如何运作的。

消极情绪是学习的拦路虎,树立正确的态度才是一切记忆的前提。你需要信任记忆,这会从根本上改变记忆的运作方式。告诉你一个好消息,不管你以前对记忆的感受和想法如何,你可以从现在开始,重新学会控制自己的学习心态,一切都还来得及。

自我分析

你对自己当前的记忆力有何感觉?花一些时间思考自己长久以来的学习态度。

- 在日常生活中,你有没有信心记住所需掌握的信息?
- 对于演讲或者面试等特殊挑战,有多少记忆技巧能帮助到你?
- 你对自己的学习能力有信心吗?
- 你是否喜欢利用自己的记忆力积累知识和技能,并向别人展示自己所学?
- 你是否经常需要对抗那些无时不在的消极情绪:担心事情会变得困难、无聊、费时间、压力大?

诚实地问问自己:你因担心失败、缺乏信心、在高压下抱怨自己的记性差而耗费了多少精力?

诚心交谈

你可以通过和别人真诚的交流，或是与自己对话，得到一些有用的信息，了解自己对待记忆的态度。

- 当你面对挑战时，比如学习课本里的某一章、某个复杂的公式或实用的技巧时，你会怎么和其他同学交流？你是会对结果感到憧憬，兴奋地谈论自己将如何达到目标，还是会告诉其他人这一过程困难重重，可能遇到诸多问题，比如没有时间、没有乐趣、困难太多或过去的阴影还困扰着你？
- 在你等待考试的过程中，你会对周围的人说什么？炫耀自己准备得很好，还是抱怨自己学得不够好，可能会失败（见第15章）？
- 关于记忆技巧，你会和自己进行怎样的对话？其实你一直都在和自己说话，嘴里重复着同样的信息，每天产生大约50 000个想法。倾听会让你学到很多。

成长思维

想想自己的学习方法都经历了哪些变化，这会对你很有帮助。记忆的成熟过程与左右大脑具有明显的相通之处（见第3章）。儿童通常能毫不胆怯地学习知识、掌握技能、通过感官探索词语的意思、建立本能联系，喜欢冒险、实践和乐趣，这正好符合右脑型思维的本质。但是成年人更倾向于左脑型思维，喜欢合乎逻辑的文字理论而非实际经验，认为学习是"严肃"的过程，旨在取得成果。你还记得自己的学习记忆方法在何时发生了转变吗？最强有力的方法是全脑学习，将儿童与成

> 人的学习方法结合在一起，这需要左右大脑的协力合作。思考一下，如果你能将成人的组织能力和效率与孩子的天性和活力匹配起来，结合实践和理论，联系图片与想法，平衡乐趣和功能，你离学习的成功还会有多远？

即使你在学习的某些领域怀揣信心，对于记忆的整体认知也可能十分有限。记忆给你的帮助和信心必然会影响你设定的所有目标，以及为之耗费的能量。亨利·福特曾说过："当你认为自己能行时，你就能行；当你认为自己不行时，你就不行。"这个观点在记忆方面尤为适用。不要轻易把自己归为某种特定学习类型，认为自己拥有固定的优点和缺陷，这会导致你无法充分发挥学习潜能。

● 学习类型

一些人常会被贴上左脑型学习者、右脑型学习者以及其他特定学习类型的标签，这会在无意中阻碍其学习效率。不同人士的不同方法与不同的生活阶段、性格特征和工作类型，都会对学习产生帮助，但它们应结合使用，成为有力的学习工具，而非专属于某类学习者，继而沦为毫无用处的标签。

动觉型方法是指在实践中学习，通过触摸、创建和肢体活动等方式。这是典型的儿童学习方法。孩子们通过感官探索周围的世界，阅读情感丰富的图书，喜欢边唱边跳。其实在成年人的生活中，我们也不断地利用肢体学习，摆弄新的器械，掌握运动项目，学习新工艺和科学技术。

听觉型学习是在倾听中学习。倾听的内容包括演讲等口头作品、音乐中的韵律,甚至是用于强化想法的自我对话。我们在学会阅读之前通常依靠听觉学习方式,并在接下来的一生中都在持续使用它,比如听收音机、和朋友交谈、听老师讲课,等等(见第 11 章)。

视觉型学习包括观察、观看和阅读。我们在观看中模仿,从看图开始,渐渐学会阅读书面文字。成年后,我们需要看各类地图、图表和口头文本,并通过视觉学习获取绝大部分信息。这反映出视觉在我们感官中的卓越地位(见第 10 章)。

偏好和优先选择

一般来说,你的学习和生活离不开上述三种核心方法,但哪一种更适合你呢?你是天生的动觉型学习者、听觉型学习者还是视觉型学习者?如果你刚得到一台新电脑,你会怎么学着使用它?是自己动手琢磨、阅读用户指南,还是让别人来指导你呢?在日常生活中,你一般会将这三种方法结合在一起,但各自所占比例是多少呢?你所学的课程更适合采取上述哪种方法?你曾经有多少次"离经叛道",走出舒适区,利用非比寻常的方式学习知识?你在什么时候同时使用了这三种学习方法?

打开思路

一旦你开始考虑平衡左右大脑,找出最适合自己的学习方法,你将会有新的进步。通往成功学习的途径有很多,单纯依

> 靠一种特定的方法会减少我们的成功概率。只有分析当前的学习方法，你才能进一步拓展训练，并改进自己的弱点，借助一系列记忆技能释放大脑的全部潜能。珍惜改变的机会，拓展思路，以全新的方式学习吧。

性格、兴趣或个人经验方面的缺失都不是学习不好的借口。事实上，你的一切劣势都可以转化为优势，只是有些方面尚待加强，有些方面已经完善。但是，我们经常会随便怀疑自己能力不够，抱怨自己记忆力欠缺，这样会把通往成功的路堵死。

❓ 抱怨的噩梦

当你不信任自己的记忆力时，你是否尝试过从过去的失败中解脱出来？思考一下，在你所经历的考试或其他挑战中（驾照考试、脱稿演讲或登台表演），你的记忆力是否有过出色的表现。你能找出自己记不住东西或是使用了错误技巧的情况吗？这些习以为常的记忆问题或是特殊经历是否深深印在了你的脑海里，影响了你的学习态度？回忆你对记忆不自信的情况会让你感到不舒服，但找出其中的原因又十分重要，它能够帮助你改变自己的态度，改进自己的学习方式。

ℹ️ 记忆障碍

焦虑、恐惧、抑郁等各种容易使你分心的情绪对记忆力都很不利。当大脑的化学平衡发生变化时，你很难集中注意力，也无法实现积极高效的学习状态，就连记忆的基本层面都会被

> 打乱。大脑会根据需要引导能量，但我们有时会发出错误的信号。大脑将生存视为最优先级别的关注项目，在危险来临时会表现出恐惧或产生应激反应，从而重点关注眼前的需求。在这种情况下，压力会限制思维能力，使我们无法使用思维技能和当下看起来并不重要的记忆储备。正因如此，在课堂演讲或重大考试时，你很可能会心跳加速，汗流浃背。压力和恐慌会很快将你的大脑转向基本生存层面，即便你拼命回忆，也很难记起自己学到的东西。

> **化学递质**
>
> 当你放松时，有助于增强记忆力的内啡肽会释放到大脑中，改善你的情绪，帮助你学习。在趣味盎然的学习环境中，多巴胺（另一种化学递质，也称神经递质）会引发愉悦情绪，回馈这种优质的大脑使用方式。开心放松的情绪也有助于乙酰胆碱的产生（见第12章），它对改善大脑两个半球之间的沟通起着关键作用，而这也是本书所有记忆策略的重要部分。

因此，愉快轻松的心情有助于集中精力，提高记忆力，维持大脑平衡。但在日常生活中，我们常会因过去糟糕的记忆经历而备感压力，很难真正放松心情。

● <u>重塑过去</u>

如果某些经历仍然在消耗着你的自信，阻碍了你的学习，那么不妨试试采取一些记忆技巧。它可以帮助你减少甚至消除那些糟糕经历带给你的负面情绪。这些负面情绪可能在一次次的重复中得到强化，然而本质上它们并没有你想得那么严重和夸张。所以，为什么不以更积极的方式利用你的创造力和想象力，做出对你有利的改变呢？

典型的经历可能包括：

- 在重大考试中大脑一片空白；
- 开会时叫错主宾的姓名；
- 把重要的文件落在火车上；
- 在台上演讲时忘了词。

我们在上述情况下一般都会有些共同的感受：压力、害怕、尴尬和恐慌。讽刺的是，这些情绪都是刺激记忆力的有效兴奋剂。在事件发生时，这些原始的情绪曾阻止你记起所需的信息，但之后，它们将噩梦般的经历又铭刻在了你的大脑中。

要想重新控制自己的情绪，可以尝试以下的方法。

- 将自己重新置于当时的情景中。既然你经常思考上述经历，包括在重大考试中发下试卷、看到客人面露愠色、火车渐渐消失在远处以及台下所有的面孔都在注视着你，那么你很可能已经习惯了以固定的角度去看待它们。
- 利用大脑的"摄像头"回到过去，集中注意力，回忆所有的细节，同时试着转换思考的角度。如果你在考场中向四周张望一下，发现其他考生也都紧张不安，或者从主宾不悦的眼神中想到接下来的会议，你会有什么不同的感受吗？你有没有觉得自己之前把注意力放错了地方？
- 你还可以为记忆中的经历增减因素，比如增加火车上乘客的数量，想象是拥挤的人群使你没顾上文件，或减少了你在舞台上的时间，然后你会发现你的错误实际并没有特别明显。
- 调整时间表，多给自己几分钟时间，从火车上找回丢失的文件。
- 在演讲时加大背景噪音的音量，这样别人就很难听清你发言中的错误。

消极情绪会放大所有的负面因素，因此平衡情绪很有必要。用建设性的方式发挥想象力，学会与过去和解。重新"排练"过去的经历会帮你改变对记忆的态度。

记忆容量

你对自我记忆力的保守评价可能会限制记忆的上限。如果你之前认为记忆容量有限，那么一定要摒弃这一想法。我们习惯了购买计算机、磁盘和U盘等拥有特定内存的产品，但是大脑的工作方式和它们并不一样。大脑通过多种方式存储信息，也不会出现内存已满的情况。因此，如果你简单地将大脑与计算机相比较，并低估它的"能耐"，那你必将错过它真正的价值。学习不仅仅是存储信息，还要把各种不同的信息编织起来，这需要你从各个角度探索，做出创造性的发现，实现深刻的理解。你应该把"记忆容量"看作学习和记忆的能力，而不仅仅是大脑能容纳多少"东西"。

强调积极因素

除了注意到记忆的负面因素外，你还要为它的出色表现摇旗呐喊。就连那些自称是世界上记忆最差的人也会在工作、娱

> 乐和日常生活的挑战中展现出惊人的知识储备，但他们只把这当作理所当然的，不会承认是记忆的功劳。如果你无法从偶尔犯的错误中走出来，对大脑的巨大力量视而不见，觉得自己学习能力太低，无法记住大量的信息，那不妨先花些时间回想一下自己毫不费力就记起重要信息的那些经历，以及记忆曾创造奇迹的那些时刻。

你要学会清理消极思想和态度，这会引领你实现优质学习和最终的成功。它能帮助你以多种方式思考不同的记忆机制发挥作用的方法，并使你充分利用大脑每天的变化状态来学习。

脑电波

思考和学习是电化学过程。能量的运动会产生脑电波，在脑电图机器上以赫兹为测量单位呈现。通过研究脑电波，科学家们发现，不同的精神状态会影响记忆和学习效果。

β 脑波是大脑正常清醒的状态，频率一般为 13~15 赫兹。我们在使用科技产品时往往情绪紧绷，而大脑为了适应这种环境，β 脑波也呈高频状态。因此，当你关闭计算机时，脑波频率会降低，你会轻松很多。我们大脑的 β 脑波大部分时间都处于正常状态，可以进行高效学习，不过偶尔放慢脑波速度也可以激发学习潜力。

α 脑波是在放松的状态下的脑电波，它有助于保持思维敏捷，特别适合记忆。当你完成一项任务、洗个热水澡、逐渐进入睡眠状态，甚至在学习的过程中，大脑都可能自然进入 α 脑波，并且帮助你享受 α 脑波的益处。α 脑波的频率在 8~12 赫兹之间。在这一状态下，学习的诸多方面都能得到改善，尤其是关联性思维和创造力。本书的全脑记忆技巧都是在 α 脑波的思维状态下进行拓展丰富的，主要致力于帮助你完美结合和掌控放松状态下的创造力和足够的注意力。

接下来是 θ 脑波，频率在 4~8 赫兹之间，通常处于冥想或催眠的深度放松状态下。θ 脑波是在入眠的时候产生的。这时候的大脑容易受到他人影响，想象力特别强，十分方便创建富有创造力的联系，实现强有力的长时记忆。这种状态会把身临其境和富有想象力的思考发挥到极致。

你对记忆了解得越多，就越可能从不同的大脑状态中受益。全脑学习能够训练你的逻辑思维，帮助你组织想法，做出明智的选择，战略性地存储信息并精确记起它们。同时，它还能激活大脑的创造力，让你利用图片思考，调动感官和情绪，建立非比寻常的联系，灵活应用所学知识。因此，你不仅能快捷高效地使用自己的记忆，还能进行前所未有的深入探索，充分发挥想象力。你确实一直在认真学习，但如果你愿意的话，你可以使用更为新奇有效的方式放松大脑，并进一步激发记忆潜能。

● 放松地带

放松能够增强记忆力。好消息是，你也可以利用记忆力放松心情。通过回忆开心的经历并发挥想象力，你会加强可视化技能（见第 5 章），它对高效学习至关重要，能帮助大脑处于学习的最佳状态。

- 选择一个令你放松的地点，比如假日海滩、夏日午后的草地或家中最舒服的房间。
- 想象自己来到这个轻松自在的地方，注意这里的所有细节，包括你看到的、听到的、摸到的、闻到的甚至尝到的一切使你进一步放松的东西，提醒自己它们给你的具体感觉是怎样的。
- 学会享受思维放松的过程。抛开所有扰乱注意力的想法，找回积极的情绪和感觉，并为大脑拥有这样的能力而喜悦。

让你的大脑准备好记住并磨炼创造性学习技能，这将使你的学习有所不同。

记忆"咒语"

为自己选择一条咒语，可以是肯定自己的积极短语，帮你打起精神，维持最佳心态。合适的例子有"我的记忆力是很棒的""我学习，我成功"或者"记忆是一场冒险"，尽可能使用积极向上的措辞。同时，选择读起来朗朗上口的句子，当你在大脑中重复这句话的时候，听着会有不错的感觉。另一个关键步骤是为这条短语增加一个难忘的图片形象，这样效果会更好，既帮助你强化了这条"咒语"，也提高了记忆力。以上面的三个句子为例，你可以分别想象"电源线连接大脑""自己在图书馆里挑选书籍"或是"一位著名的冒险家"。这些图片可以帮你记起它们代表的含义，通过强大的视觉感官引发你的正面情绪，这对你的记忆具有深远的影响。

● 期待成功

像体育明星、演员或政治家一样，学习者需要提高自己的信念,并时刻准备好在生活中施展自己的才华。

你越相信努力会得到回报,就越有动力把时间和精力放在正确的事情上。

将有关大脑"可塑性"的最新研究记在心里:大脑的使用方式会改变大脑本身,提高大脑的工作效率。所以你有必要使用本书中的记忆技巧,练习最佳的思考技能,使其成为你的第二本性。

重点注意自我付出和优异成绩之间的联系,掌控心态。尽可能放大你的积极情绪,它们能给你带来直接的奖励,助你实现记忆成功。

目标设定

认真设定你的目标:不能高估自己,也不可妄自菲薄。在不断了解自己记忆力的过程中,记得"推自己一把",实现能力范围之内的激励人心的目标,利用新的学习技巧创造目标图像,比如自信地回答考试问题,完美地进行效果检测,或者在同学面前进行作业展示。用大脑的"眼睛"观察这些图像,协调使用左右大脑,在把握全局的同时注意细节信息。利用左脑进行逻辑思考,理清所选目标的重要意义。利用右脑激发情绪,夸大目标实现后的感情状态。创造成功的、生动的、犹如真实发生过的"记忆",用它们来保持精神状态,集中注意力。

✓ 优秀的证据

留意生活中需要使用记忆力的工作，并出色地完成这些工作。如果你从导师那里得到了一些积极的反馈，或者从一起学习的朋友那里收到了一封道谢的邮件，应该把它保存在电脑文件中。你可以把奖学金证书或颁奖仪式的照片存在电脑的文件夹里，添加到收藏夹中，当你对记忆不自信时，随时可以找出来看看。

亚里士多德曾说："我们每天重复做的事情决定了我们是什么样的人。优秀不是一种行为，而是一种习惯。"习惯确实需要一些时间来改变，但即使是记忆态度再细微的改观，也会帮助你更好地使用大脑。然后你会注意到充分发挥记忆力的条件，加倍努力，尝试新事物，找到对付学习和记忆的方法；与此同时，你的信心也在不断增长。这是一个"良性循环"，并且运转速度还会不断加快。这样下来，你的学习技能会不断进步，最佳思维方式和行为都会演化成习惯。在接下来的生活中，你将保持追求卓越的态度，从而将永远改变你的学习方式。

🔧 培养正确心态的实用小贴士

◎ **注意你对记忆的看法。**逐步调整自我对话，比如把"我不知道"换成"我还没学会"，或者把"我不记得"换成"怎样才能让我的记忆力发挥作用呢"。

◎ **找出威胁自信心的经历。**通过想象力改变它们，证明给自己看,你能够掌控心态。

◎ **和激励你积极学习的人待在一起。** 确保你们的交谈能反映出积极乐观的记忆方法。

GO 现在要做的……

1. 设计专属自己的"放松地带"。利用想象力让其栩栩如生,换一个心情,开启记忆之门。

2. 选择一个积极向上、鼓舞人心的记忆"咒语"。分析其确切含义,想象一幅醒目的图片以加强记忆。

3. 通过想象,预演未来的成就。创造有效的图形,描绘学业成功的未来"记忆"。

第二部分

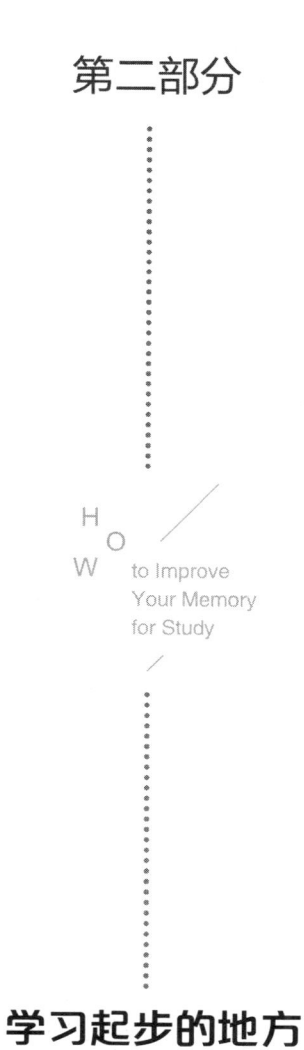

How to Improve Your Memory for Study

学习起步的地方

HOW to Improve Your Memory for Study

第 5 章

准备活动

本章实用性很强，旨在通过一系列记忆测试帮你做好准备，助你全面掌控学习，让你的学习水平更上一层楼。本章将探索记忆的四个关键技能，它们能够丰富、改善学习并应用于学习的方方面面。通过训练你的注意力、可视化能力、组织能力和想象力，你可以启动记忆力的全部机制，充分发挥大脑的潜能。

通过本章，你可以了解：

- 如何提高注意力；
- 学会对任何事物进行可视化；
- 为什么你需要一个有组织能力的头脑；
- 提高想象力；
- 与你的记忆保持愉悦的关系，铭记记忆的巨大力量。

● 大脑"建设"

许多品质和技能有助于产生强大的记忆力，提高其中任何一种，都会改变你的学习效果。不过我们不能满足于此，而是要尝试强化所有的技能。准备好充分利用本书介绍的所有记忆技能，把大脑建设成最佳的学习场所。

> **✓ 初步了解**
>
> 这些技能并不是陌生之物。它们其实是你每天都在做的事情，但可能你并没有将之应用到学习当中。本章提供的测试只是扩展和加强记忆技能的部分案例，你还需要在日常生活中不断找寻机会锻炼自己。当你有意识地将技能应用到学习当中，能够感受到它们对大脑的影响，切身体会学习过程的改变时，那么离取得最佳的学习效果也就不远了。

● 注意力

注意力是记忆的一个重要因素（参见第 2 章），指的是你集中精力的能力。注意力的对象包括通过感官传入的各类信息及其引发的想法和感受、你在处理信息时采用的针对性策略，甚至是你接下来的全部生活……记住信息的前提是获取信息，因此你需要保持思维敏捷，密切关注周围的一切，随时准备好捕捉有用的信息。同时注意力还包括专注于特定事件，不会轻易因其他事情分心。为了充分利用记忆力，你要时刻准备迎接突如其来的事情，向所有的信息敞开大门。但有时候，你也得关上其他大门，把全部精神持久地放在一件事情上，只为这件事情开放自己的门户。这种能力需要长久练习，绝非一朝一夕就能够获得。

注意力水平

思考你当前的学习专注度以及不同时期的注意力情况。与小组成员讨论或参加辅导课相比，你在课堂上的注意力高吗？在观看实践展示、阅读教科书、解决复杂问题时，你是如何保持注意力的？当你坐下来准备写一篇文章或者进行一个测试时，你的注意力能持续集中多久？你在一天当中的哪个时刻精力最集中？你在学习哪门学科或参加什么活动时能够保持最长时间的注意力？哪种情况最容易使你分心，使你转移注意力？

适当放松

要习惯和注意力保持"战略合作关系"。想要高效利用记忆技能，你得启动注意力，并尽可能使其保持较长时间。与此同时，你也要学会停下来放松自己（见第4章、第12章和第15章）。许多学生不知道如何在不同的任务之间做出思维转换，所以用于学习上的注意力和日常生活中其他方面的注意力并没有明显的差别。当你开始训练自己的记忆力时，你需要下意识地运用特定方式使用大脑。因此，在你专注地学习和思考并达到特定学习目标后，你需要改变大脑的使用方式，告诉自己工作已经完成，适当放松，这会带给你不同的体验。你需要调整自己，组织规划时间，调整学习强度，将注意力要求较高的任务和轻松的活动结合起来。如果学习的诸多方面暂时都不需要高度集中注意力，那么就顺应这种情形，只在关键的学习阶段保持注意力就行。

● 重视注意力

加强注意力的第一步是意识到它的存在。你当前的专注度是否适合手头上的任务？它在何时发生改变，是不是在你感到劳累、饥饿、担心、倦怠或是因周围的环境分心时？扪心自问，你的注意力高吗？你是否经常精力不集中，浪费学习时间？你可能在学习的初始阶段保持了高度注意力，之后注意力则不断下降，慢慢开始走神，这时你要决定是否继续学习下去。下面的问题可以评估你的注意力水平。

- 你所读到的、看到的或听到的信息是否与实际情况一致？
- 你是否使用了所有必要的思维技巧进行记忆？

如果你给出的答案是否定的，那接下来你打算怎么做？是不思改变，期待在渺茫的未来再进一步学习和了解？还是决定现在就进行改变，进一步提高自己？

> **集中精力**
>
> 长跑运动员会逐渐增加运动里程，你也可以确定一个保持注意力的目标时长，并尝试逐渐提高你的目标。如果你在设定的时间内一直处于精力集中的状态，那就奖励下自己，放松心情，并在之后稍微提高自己的目标时长。要对自己诚实，当你注意到自己已经走神，一定要努力让自己再次集中精力。如果实在无法集中精力，可以结束当前的学习过程，思考自己在什么地方出了问题，争取下一次实现目标。

注意力测试

这里有一些脑力训练测试题，可以帮助你提高注意力。你可以充分利用课余时间，尽量选择在不同的时间和地点进行测试。早上刚起床时或是夜已深时，你的注意力还好吗？你是否能在不同的环境下做这些脑力训练，比如在播放音乐的环境中安静地完成或是在拥挤的房间中边看电视边做题？

正序和倒序

大声数出"1，2，3……"，同时将从 1 到 10 的数字可视化。当你喊出"1"的时候，脑子里想到数字"10"的视觉图形，喊出"2"的时候，脑子里想到数字"9"的视觉图形，依次类推。同理，把上述过程颠倒过来，当你喊出"10"的时候，脑子里想到数字"1"的视觉图形，并依次类推。做好基础练习后，尝试练习更大的数字，比如 20、50、100 等。当你以不同的速度进行此类练习时会发生什么？你能集中注意力吗？

真人钟表

花时间观看时钟上的秒针或数字手表上不断变化的数字，体验一秒钟的时间有多长，然后自己估算十秒钟有多长。尝试在大脑里默念 60 下，检查一下与实际的一分钟相距多远？逐步尝试更长的时间，挑战自己，不要用默念单词的方式计时，要把自己想成钟表，在大脑里想象出"滴答"的声音来进行估算。

首尾相连。[①]

自己造一个具有实际含义的英语句子，使每个单词的最后一个字母和下一个单词的第一个字母相同，比如：

- Students should demonstrate excellent technique.（学生应该展示优秀的技能。）
- Learn new ways. Studying gets simpler.（学习新方法，学习会变简单。）

这个练习在集中注意力方面效果显著，因为你必须同时考虑几件事——不断检查最后一个字母，同时完善句子的含义，思考下一个单词及其首字母是否搭配……这是对逻辑思维和创造力的一个极佳的考验，同时有助于强化注意力在记忆中的重要作用。

● 可视化能力

在大脑中进行图形创作对诸多记忆技能至关重要。通过练习，我们可以有效地可视化任何事物，在大脑的"眼睛"（视觉空间模板）里增加形状、颜色、质地甚至动态。有些事情，甚至是最抽象的想法也可以用图形表示，然后将其单独存储在大脑里，或者与其他事物合并成更丰富的信息集合。利用图片进行思考和学习是人类的天性。训练记忆能够帮你在整个学习过程中下意识地使用记忆技能。那些你记不住的，甚至是没能在第一时间想起来的信息，通常是因为你没有为之添加任何图形联想。

---

① 作者以英语句子为例，对汉语记忆也有借鉴意义。——译者注

画图

在演讲时,我们会自然而然地在幻灯片中插入图片,帮助听众理解我们的演讲内容,强调关键信息,给听众留下更深的印象。我们喜欢使用明喻和隐喻(雪花像鹅毛一样飞舞;她是一颗夜明珠,在暗夜里发出璀璨的光芒),我们经常把复杂的想法转变成奇怪的画面(一个和尚有水喝,两个和尚挑水喝,三个和尚没水喝;一鸟在手,不如二鸟在林),我们将抽象概念与醒目的图像进行对比(柳暗花明又一村;塞翁失马,焉知非福)。最让人难忘的演说者,无论他是政治家、诗人还是伟大的教师,其传达出的观点都很容易给我们带来视觉感受。

广告营销

广告商希望你能记住它们的产品,并深谙图形记忆的重要性。回想你了解的知名品牌,你最先想到的是什么图片?将这些品牌的产品及包装、公司商标形状及颜色在大脑中用图片展现出来,再思考一下广告公司还为你的记忆植入了哪些图片。在观看电视广告,街道上的广告牌,甚至是收听广播中的广告时,你的大脑中会浮现出画面吗?尝试分析广告商传达的理念,比如速度、实用性、质量、安全性和乐趣等品质。要想取得良好的学习效果,你也需要像广告商那样思考,为所学知识创造生动的思维"广告",即使是最为抽象的观点也可以运用这种方法。

● 可视化测试

为任何事物创建图形

在闲暇的时候,你可以对熟悉的信息进行可视化练习,包括人物、地点和物品等,尽可能通过多种角度详细地描绘它们。你倾向于用什么方式进行描绘呢?是用彩色的还是黑白的,移动的还是静止的,一般画在大脑影幕的左侧还是右侧呢?在强化自己擅长的方法时,你也可以尝试一些冷门的方式。

变位词游戏[①]

先选择一个英语单词,最好是你脑海中最先浮现出来的或者很容易在身边发现的单词。重新变换其中的字母顺序来创造新单词,需要注意,这个过程只能在大脑中进行。从简单的单词开始(YAM 变成 MAY,BUSH 变成 HUBS,MARCH 变成 CHARM),然后加大难度,可视化更长的单词。你会发现有些词没有变位词,而有些单词有多个变位词。通过重新排列 STOP、DEALS 或 DANGER,你能够想出多少新单词?请你的朋友们把单词的字母顺序打乱,然后由你重新排列。下面就是一组练习,浏览这些字母,然后闭上眼睛,重新为它们排序吧:YOREMM、NUTSTED、RELSCUTE。

虚拟家具

你可以在大脑里绘制一个柜子,将一系列代表真实信息的图形塞进去,进一步加强可视化技能。通过这种方式,你将提高记

---

① 指变换某个词或短语的字母顺序构成新的词或短语。——译者注

忆的关键能力，制造一个可以多次使用的记忆"设备"。

想象下面的场景：有一个古色古香的橡木柜，轻轻打开柜子上的两扇门，左边有三个抽屉，右边有三个抽屉，中间有两个抽屉。尽可能想象一幅幅清晰的图片，然后将柜子填满。

你可以用这种方式学习接下来的天气列表，它们也许是考试论文中的副标题，或者是课堂演讲涉及的话题。

雪　雨　风　闪电　冰雹　打雷　阳光　雾

为列表中的每一个单词创建一幅生动的图片，然后把所有图片放到你的记忆柜中。你可能在左橱的最上层抽屉里放一个雪人，中层抽屉里放一把雨伞，底部放一个风向袋。你能想象出闪电悬在橱柜上空，由堆积的冰雹支撑起来的样子吗？

回顾这八幅图片，并进行强化和巩固，顺着图形记忆库内的图片线索，检查自己是否能记住这八个描述天气的单词。

● 组织能力

这是记忆的另一个重要能力，更符合左脑的思维方式，不过当你把组织能力与右脑的思维技巧结合使用时，你的记忆会发挥出最佳水平。

有序的大脑

你目前的记忆方法和学习方法是否有条不紊？拿出实际证据，比如你的文件夹、电子文件、书架、书包和书桌……它们

> 是否能反映出井然有序的学习方法？关于组织能力的其他线索呢，比如你的时间管理、待办任务的优先顺序、学习和生活的平衡以及守时等？条理的方法对充分发挥记忆力起着重要的作用，它会帮助你改变创建工作空间的方式（见第 13 章），处理你的全部信息（见第 15 章）。同时，它也将彻底改变大脑收集、归档和检索信息方式。

✓ 分类梳理

> 重视组织能力的益处（见第 14 章）。整理材料和设备会帮你节省时间，方便你在需要时及时找到它们。检查课程表和班级日程表会帮你抓住重要的学习机会。当你把学到的信息进行分类梳理时，你能够保证自己学到了有用的知识。整理课程材料和考试材料会激发你的学习动力。同时，它也有助于你更好地理解内容，让你快速记住信息，将所学知识整齐地放进记忆系统内并进行分类梳理。

有时候，仅仅是重组信息就会让你学得更轻松自在。比如在记忆下列字母 RMIORYTYOMUDEVUROPOMEYFSR 时，你会发现，将其重新组织成 IMPROVE YOUR MEMORY FOR STUDY 后记起来更容易。这只是一个极端的例子，其实你的大脑总是在寻找重组信息的方法，通过重新排列或进行模式化分析，使信息看起来更清晰，或读起来朗朗上口，能给你留下更深刻的印象。尝试将下面的长串数字 37849320519 分成小组，并赋予其一个固定的节奏：378、493、20519。你要有信心掌控获取的所有信息，并以最适合自己大脑思维的方式进行梳理归类。

第 5 章　准备活动

● **组织能力测试**

字母和数字

　　仔细看以下几组信息，你能否重组信息以使其更好记？尝试找到已存在的模式或创建新模式。你还能想到更好的方法进行信息归类吗？

1. 可以按照任何顺序学习以下字母：KWQGCYOAESIMU（提示：这 13 个字母位于 26 字母表的哪些位置）。
2. 将下面一串数字记在大脑里，在一分钟后背出来：83418296023（提示：朗读时的韵律可能会帮到你）。
3. 记住这五个字母组合：BXO - HTA - PCU - NSU - TPO（提示：你能重新排列字母并赋予其更多的含义吗）。

聪明的设计

　　如果一组信息没有任何特定的顺序，最好记的方法是对其进行排列组合。例如，著名的俄罗斯五人强力组合由五位作曲家组成，他们分别是：

　　Balakirev、Cui、Mussorgsky、Rimsky-Korsakov、Borodin

　　要记住这五位作曲家，你可以自己造一个短语或句子加以辅助，比如先拿出每个名字的前三个字母 Bal、Cui、Mus、Rim、Bor，然后用更难忘的方式进行排列。

　　你可以把 Bor 和 Bal 放在一起变成 BorBal，它与英文单词"bauble"（汉语意为"小玩意儿"）发音相似，Mus 和 Rim 连起来是 MusRim，与英文单词"mushroom"（汉语意为"蘑菇"）发音相似。此外，你可以将 Cui 看作称谓语 Coo-ee（汉语意为"喂"），将上述五个词设计成"Cui!Bauble!Mushroom!"

想象你养了两条狗，分别叫"Bauble"和"Mushroom"，它们不知道藏哪里去了，于是你大声喊道，"Cui! Bauble! Mushroom!"自己多重复几遍，并提醒自己它们代表的作曲家都是谁。等几分钟后，检查自己是否能通过简化和重组单词的方式，记住这五位作曲家的名字。

分门别类

分类整理信息有助于加强记忆。在对信息进行分类的过程中，你会集中精力进行思考，采取措施，这一切都可以加深你对该信息的印象。下面是一个测试，对象是体育和游戏，需要你对其进行分类。你可以按照自己的方式进行分类，比如把它们分成两类：一类代表切实存在的实际项目；一类是超越现实的虚拟项目。前者包括球赛、水上运动及其他许多真实的项目，而后者则可能是"米老鼠最爱的三大运动"或"裸体时不能做的事情"。

篮球　国际象棋　潜水　足球　无板篮球　"大富翁"游戏　扑克　棒球　水球　网球　射击　桥牌　射箭　羽毛球　板球

当你分完组后，合上书，看看你还记得上述 15 项运动中的多少项。尝试通过其中一项运动联想到另一项，并思考哪些分组的记忆效果特别好。如果你有一些项目没记起来，认真思考它们能如何与其他项目产生联系，从而得到更有效的分类。

● 想象力

想象力是记忆策略的秘诀,可以改变你的学习方式。一旦你对所需了解的信息进行可视化,运用适合自己大脑的方式进行组织处理,你的创造力就会因此迸发光彩。你会尽可能利用想象的图片和信息之间的联系,让信息变得引人注目、生动有趣、新奇古怪、令人惊讶,然后以最令人难忘的方式记在大脑里。

冒险的想法

当你来到无拘无束的想象世界时,你有何感受?你的创意思维中没有规则,只有一个非常明确的目的:使信息更加难忘。你正在学习的材料可能包括一些逻辑性很强、实用又严肃的主题,但你的学习方式却可以极富想象力,不必完全按照那些既定的逻辑去进行,而是自己设计逻辑。真实的细节可以通过虚幻的方式学习,当你这样做的时候,你会信心大增。想一想你生活中涉及想象力的领域,可能是创意写作、戏剧或视觉艺术,那么在日常学习当中也尽情发挥你的想象力吧(见第3章)。

● 想象力测试

变换

拍一些简单的照片,然后运用想象力对其加以变换。思考一下:我能通过这张照片想到什么事情,并且一直记在大脑中?想到答案后,先保留原来的想法,再进一步进行拓展,使其更有趣、更具吸引力、更令人印象深刻。运用这一方法，探索想象力究竟能带给你什么。

墙壁　帽子　地毯　花　公共汽车　杯子　鞋子

当你改变其中某件物品的大小，使其看起来巨大无比或十分微小，会出现什么情况呢？你能够增加有趣的细节、颜色和装饰吗？如果你使没有生命的物体走路、说话或者飞翔，又会出现什么效果？运用你所有的想象力赋予这个词语更多的内涵。是否存在某种元素，能够将这些词语联系到一起呢？想象一下……它们都装在巨人的口袋里，或者呈现在太空中，或者存在于绚丽的烟火中。运用策略，大胆发挥想象力，进行高效的全脑学习，看看你的记忆能否被激活。现在，你能记得多少个词语？

跨界联系

下面的练习旨在促使你在大脑中进行充满想象力的联系，是本书所探索的创造性记忆技巧的前提和基础。只是了解记忆技巧是不够的，跨界联系能够加强大脑灵活度，促使你的学习更上一层楼。下面的练习会帮助你提出并回答一些冷门问题。你可能觉得这些问题十分奇怪，因为它们看起来似乎毫无逻辑可言。

- 什么颜色会让人恐惧？
- 酸味听起来像什么？
- 小号曲摸起来什么样？
- 绿色的味道如何？
- 你会闻到咖啡的味道，但这种口味的咖啡是什么形状的呢？

上述问题并没有所谓的标准答案，任何回答都没有对错之分。事实上，它们通常会引发另一个问题：为什么要把二月与紫色、幸福与黄色、数字八和结冰联系到一起？你可能会给出某些模糊的逻辑解释，但是当你以挑战性的全新方式探索概念、感官和情感时，你会从遗忘的经历、奇怪的联想中得到许多更好的答案。

通感

通感是感官重叠的条件。通感十分普遍，许多人都受到过通感的轻微影响：或是将每周的某几天与特定的颜色联系在一起，或是感觉某些字母具有特定的质感。通感还会对某些人产生更为强烈的影响。在他们的眼里，声音可以具有味道和气味；文字带有颜色和质感；感官信息交织到一起，产生巨大的效果。通感会为记忆带来诸多好处，每一条信息都与众多起到促进记忆作用的感官线索联系在一起。通过味道可以回想起人名，通过气味可以记起某个数字。你也可以学习这种思维方式并从中获益，训练大脑以全新的方式运用感官体验，有意识地将不同的感官联系在一起，创造多层次的强大记忆。

利用幽默感

你有没有尝试过利用幽默帮助自己学习？幽默是很多记忆技能的关键元素，你可以尝试将其应用到学习当中。很多有趣的东西具有非同寻常、出乎意料和离奇怪诞的特质，能够加深你的印象，使你难以忘记。同时，积极和愉快的感觉有助于让大脑成为最佳的学习场所（见第 4 章）。思考一下幽默和左右大脑的关系，将普通的事物与离奇的因素、抽象的想法和生动的图像、常规模式和惊喜联系在一起。许多笑话都依赖于丰富的想象力和灵活的大脑，这些因素在记忆中扮演着重要作用。想想有哪些笑话加强了左右大脑的思维联系。"为什么食人族不吃小丑？因为他们尝起来太好笑了。""什么东西是橙色的，听起来像鹦鹉的声音？胡萝卜（parrot 与 carrot 读音相近）。""鱼缸里有两条鱼。一条鱼对同伴说，这玩意儿怎么开（tank 除鱼缸外还有坦克的意思，事实上这两条鱼是在一辆坦克车里）？"

喜剧剧本

练习编故事的能力，将自己想要学习的信息编成有趣的故事，运用喜剧的套路，在故事里加入能够让你发笑的因素。想象你的故事被拍成电影并向观众展示，然后想象自己在大脑的"耳朵"（语音环路）里听到观众的笑声。

下面是莎士比亚戏剧里的人物。

小丑 士兵 医生 掘墓人 护士 鬼 牧羊人 水手 仆人 鞋匠

也许小丑在香蕉皮上滑了一跤，撞倒了一名士兵，士兵面露狰狞之色，让医生误认为他癫痫发作，于是医生打电话给掘墓人。小丑急忙躲进柜子里，却发现里面已经藏着一名护士，她在躲避卡通精灵卡斯帕……

使用打闹、滑稽和讽刺等元素使你的故事更加生动有趣，想象故事被拍成电影，然后在大脑中进行放映。你是否可以通过这种方式记住上述名单上的所有名字或是其他你需要记忆的信息。

为任何事物创建图形

你在学习中遇到抽象的概念时，都可以学着运用想象力为其创建生动、新鲜并令人难忘的图形。掌握这个技能会让你有信心处理任何类型的信息。

努力让你的想象力放在以下五个方面，它们是营销中的关键术语，描述了买卖双方之间的相互作用。

注意力　兴趣　欲望　行动　满意度

这一过程结合了本章探讨的四个记忆技能。你需要将注意力集中在整个任务上，对信息进行清晰的可视化，认真梳理组织，然后利用想象力对其进行丰富，真正记住这些信息。

你可以这样想象：注意力是一个显眼的红色警告标志，放在巨大的显微镜下面。观察标志的人兴趣浓厚，他的欲望用卡通的爱情鸟来表示。突然间，一个电影导演大喊："开始！"这个人动了起来，旋即唱起滚石乐队一首名为《满意》的歌……

为创造力鼓掌

想要增强自信，你可以回顾想象力发挥的重要作用，比如你做过的离奇古怪的梦，以及用富有创造性的方式表达的思想和感受。

- 思考一下，你的心情、情感、疑惑和关注的事如何能转化成令人难忘的形象和事件。
- 尝试追踪超乎现实的事物。比如找出可能引发梦境的具体事件、内心的想法或感受。

- 尝试追踪超乎现实的事物。比如找出可能引发梦境的具体事件、内心的想法或感受。
- 思考一下，你的想象力如何将最抽象的思维过程转化为生动的场景和故事，或者将一个想法转化为另一种截然不同的想法。

这种方式能够激发你下意识地使用创造力的能力，将创造力充分融入你的学习中。

🔧 大脑热身训练的实用小贴士

◎ **了解你的大脑状态**。试着找出你在哪个时间段思考和学习的效率最高，哪个时间段状态较差。要充分利用思维敏捷的时间，努力拓展你的学习技能，同时加强自己在思维相对迟缓时的学习效率（见第14章和第15章）。

◎ **在生活的多个方面练习使用本章的技巧**。比如在做运动时或在聚会上聊天时训练自己的注意力，在飞机上或乡村散步期间扩大自己的想象力，准备好让大脑适应学习挑战。

◎ **抓住每一个机会训练大脑**。多接触填字游戏、国际象棋、数独、视频游戏等能够挑战你的速度、灵活性和胆量的活动。找出使你感觉最为放松和有趣的那一项，并将其视作学业成功的重要投资。

GO 现在要做的……

1. 每天从本章或书中的其他地方选择一个不同的思维拓展练习。充分利用空闲时间或零散时间,比如在邮局排队或是用手机听音乐时,不断锻炼你的思维能力。

2. 每次学习之后,花点时间考虑一下哪些技能的积极作用最大,而哪些技能的消极影响最大。监视大脑的训练进度,肯定自己的优势技能,同时重视和加强较弱的技能。

3. 寻找身边已经掌握核心记忆技能的榜样,他们可以是家庭成员、朋友、同学,也可以是公众人物。谁是最富有想象力的人?谁的注意力最好?他们是怎样变得如此优秀的?你有没有办法像他们一样?

HOW to Improve Your Memory for Study

第6章

进攻计划

要想充分利用记忆，取得学业成功，你需要制订非常明确的行动计划。本章将带领你探索早在学习初期就需采取的有效方法，以确保你能最大限度地节省时间和精力，学到正确的知识，充分利用目前所获的全部技能，以最富有成效的方式发挥记忆的功能。

通过本章，你可以了解：

- 认识未来挑战；
- 在课堂上和课程结束时需要做的事；
- 组织学习材料的重要性；
- 将学习的不同内容进行排序的实用指南；
- 评估你掌握的知识，利用它们启动学习过程。

● 盯紧目标

这本书讲的主要内容是如何掌控记忆，而本章强调的正是掌控记忆的第一步，即有策略的"进攻计划"。学习过程由诸多长期目标和短期目标组成，在制订计划时，你需要把这些目标记在大脑里，规划好如何实现阶段性目标和总目标，以及如何让记忆技能帮你实现目标。

记忆在有意识的控制下会得到引导和激活，发挥出最佳效果，实现快速、准确和高效的学习。你需要制订一个总体计划，写明自己的学习内容、学习时间、学习深度和学习形式，这份计划上还需列出能帮助你实现目标的所有记忆方法。制订总体计划是一个具体策略，从长远来看，这会为你节省大量的时间和精力，提高你的学习质量，增强你在整个学习过程中的自信。

？ 你的目标是什么样子的

首先你要考虑目前面临的挑战及自我感受。当你想到多门课程、各个单元、持续不断的评估、测试和期末考试……你的大脑会有什么想法？

- 你是否有一个明确的最终目标，或是无数的短期目标，或是两者兼而有之？
- 你目前所学的课程是什么样子的？是可以直接获取知识和技能的单一学科，还是需要以多种方式进行研究的不同领域的集合？
- 你已经可以应用学到的知识了，还是一直停留在学习初期？

- 你是有足够的时间去学习需要掌握的知识，还是感觉时间总是不够用？
- 你觉得自己成功的可能性有多大？

　　诚实回答上述问题。你的想法和感受会帮助你开始分析当前面对的挑战，并想办法通过记忆技能应对挑战。

● 分解问题

　　要把重点放在你面对的挑战上，这对你的学习至关重要。当你进一步分析挑战时，你的直觉和最初印象会很快改变。有些人刚开始时总是自我感觉良好，无法认清自己所处的学习阶段，对自己充满信心，认为自己能在关键时刻理清学习头绪，整合学习过程，最后却因高估了自己的水平而受到打击。还有些人开始感觉杂乱无章，但在某个时刻突然找到了清晰的方向，并逐步实现自己的目标。无论你属于其中一种情况，还是正好处于二者之间，关键问题都是要搞清楚自己真正需要做的事情是什么，这样才能充分利用记忆力。如果你过于自信或过早放弃了自己，或是不确定要采取什么措施，你将错过记忆带给你的一系列好处。

　　所以，现在是时候对自己提出重要的问题，并尽可能给出答案了。

- 如何衡量你的学业成功与否？你的学习涉及哪些类型的监测和评估？你是纯粹为了兴趣和自我发展而学习，想通过设定目标提高自己，还是只想通过诸多课程测试，包括打分作业、定期检测、实践测试、资料搜集、年终考试或期末考试等？
- 什么是时间表？你所有的学习都是为了应付将来某一次考试或一系列考试吗？是否存在期中测试？课程作业和文件夹里待办工作的截止日期快到了吧？有没有一些无法写进时间表里的测试，包括不定期测试或突击测试等？
- 测试内容包括哪些方面？思考你需要在考试中展示的知识和技能。考试要求你进行写作、论证或讨论吗？你需要学会事实、数字、名称和日期这些细节，还是散文结构、旅行模式和历史脉络等宏观问题？你只需要记住具体的事实信息就能得到分数吗？还是要根据自己的判断，对具体信息进行引申论述？考试有多少内容是需要靠你的回想来做答，又有多少是需要你根据所给信息进行分析和比较来完成的？
- 考试在实际中是如何进行的？是需要你在既定时间内在试卷上、实验室里、白板上或电脑前进行，还是需要你在特定时间内上交所收集的材料？你可以自己选择考试方式吗？回答错误会受到处罚吗？给出正确答案能得到奖励吗？你需要进一步分析给出的公式、体系或地图，还是简单记住即可？理清所有需要掌握的材料，包括课本、参考文献、自己的笔记和需要记忆的内容。
- 考试结果是如何得出的？最初印象是否会严重影响你的导师和其他老师对你的评分？这些分数是如何体现在课程的不同方面的，是考试和平时作业各占50%？还是有某些特定方面占到最终成绩的绝大部分？

在开始制定学习策略时，你需要问自己很多问题，上述问题只是很小的一部分。通过自我提问，你要决定如何在整个学习过程和特定日期里使用记忆技能。你必须理清要记住的信息，以及

第6章　进攻计划

如何接触和处理这些内容。你还需要计划好如何让记忆技能帮助你学习。使用本书介绍的技能，无论是细节信息还是宏观描述，单一事实还是复杂列表，单词还是数字，基本答案还是原创性想法，你都能牢牢记住。通过学习本书，你会有足够的信心记住所有重要的信息，同时也能学会有效的信息记忆方式，包括编写、测试、制作甚至"烹饪"信息等多种技能和方法。你会发现学习的方方面面都可以通过训练有素的记忆技能得以提高，并学会信任自己的记忆力。

充分利用记忆

在培养一系列记忆技能的过程中，你需要在课程中抓住一切机会锻炼自己，而不仅仅是到最后阶段才使用这些技能（见第14章）。太多的人把记忆技能束之高阁，等到复习阶段才拿出来，强迫自己通过这些技能记住考试所需的一切信息，但效果往往很差。通过阅读这本书，你会明白如何利用记忆策略支撑一切学习活动：听课、看演示、参加辅导课、探访、练习、阅读、写作、思考……记忆必须融入你的学习中，帮你收集信息，探索信息，交流信息，使用信息。不要在考试来临时才想起它们！

你了解什么

为了帮助你规划时间，节省精力，你需要专注于当前的学习阶段。你已经思考过，在课程的关键阶段，自己需要了解哪些方面。现在回答这些问题：你已经了解了多少内容，还需进一步了解哪些内容？也许你已处于学习的最后阶段，从讲座、

> 辅导书、演示文件、论文和教材中收集了大部分信息，此时正需要刷新记忆。也许你正处于学习中期，收集到了不少文件，积累了一定的知识和技能，但是还需要了解更多。无论你在哪个阶段，你都从多种途径以及之前的研究中积累了一定数量的资料，但谨记，还有很多需要学习掌握的地方。即使是到了最后的复习阶段，也应该进行更多的研究、更多的思考，以及更多观点与技巧的提炼。因此，在实现最终目标的过程中，你需要清楚知道自己当前的学习情况，仔细思考已掌握的所有信息以及仍需获取的其他信息。

● 倒行学习

在弄明白当前所处的学习阶段后，不要停下脚步，而是要牢记整个学习阶段的终极目标，你从现在开始做的每件事都必须朝着这个目标努力。在掌控记忆的情况下，你可以调整学习，前提是你得了解自己需要做的事情。了解的途径非常多，比如由于课程评估标准会定期更改，你肯定会得到某些官方公布的具体细节，同时你也可以通过和别人交流获得内幕消息，并从中获益。注意任何与众不同的信息，不断检查事实，为未来的挑战构建最丰富的蓝图。

- 学会阅读，内容包括教学大纲、考试指南、课程手册等。突出关键细节：考试范围、规定和评分标准等。认真阅读每一行信息，注意今年考试的变动。
- 学会交流，与导师、同学和去年参加过这门课程的人进行交谈。记住，情况不会一成不变，要不断检查事实，同时充分利用真实的经验以及考试委员会没有明确揭示出的技巧和策略。不要盲目听信所谓的课程重点，也不要错过可信度极高的建议，综合考虑所有信息，并以此确定你的学业计划。
- 学会检查，找出过去的论文、修订指南以及日常练习和测试进行回顾。确保自己了解评估要求、评估方法、具体的评估内容，以及某些对记忆特别有用的东西。

总之，通过上述研究，你应该能详细了解自己要做的事情，并做好一切准备工作。也许通过上述方式，你会发现自己需要重新评估当前所处的学习阶段，或者发觉自己需要做更多的工作、学习其他领域的知识、掌握额外的技能，又或者是发现了其他能够帮助学习的记忆技能。

价值和兴趣

上述策略会自动提升你的记忆力，提醒你注意课程最重要的方面，并把它们标记为有价值的以及值得关注的信息，这会立即提高它们在大脑中的记忆长久度。

你的"伟大"计划

从现在开始，在指导你使用记忆技能的框架下，创建一个学习策略。随着时间推移，你可以进行调整，但需要从一开始就投入充分的时间和精力，只有这样你才能实现目标。你可以为正在学习的每个学科分别制订计划，或者把所有挑战都写在一个总计划中。你的计划会告诉你，如何利用记忆力掌握你需要了解的一切。

你需要在纸上或电子文件中记录细节，具体方式由你自己决定。有一个好方法是先制订一个粗略的计划，然后把它整理成简练整洁的最终版本。请按照下面的说明制订计划，根据自己的需求不断进行调整，并选择最适合自己的展示风格。

第一步：知识

做一个清单或图表，列明你需要掌握的事情。无须给出十分详细的注释，列出标题和副标题即可，不过要尽可能涵盖学习的所有细节。仔细研究考试的评估要求，以及你希望通过这项学习挑战实现什么目标，用黑色或蓝色的笔写下来。

第二步：技能

现在，把你正在学习的所有技能添加到清单当中。为了达到评估要求，你需要做什么？使用与笔记中的字体颜色不同的笔，但不要使用红色、橙色或绿色，尽可能列出所有具体技能。可以是实践技能，比如制作、写计算机程序或做运动；也可以是更抽象的技能，比如如何作一首诗或对比赏析两幅画。教学大纲或课程手册往往会列举若干详细的技能，但你还能找到更多技能帮助你取得好成绩吗？有趣的是，在进行技能练习的过程中，你不但能学会如何记忆信息，还会明白如何有效地记忆技能。

第三步："红绿灯"标注法

现在要把所有这些信息进行排序，排列标准是对学业成功的重要程度。不要只关注最有趣或最容易的事情，也不要过于自信，认为自己已经记住了很多信息。你现在寻找的东西关乎整个学业的最终结果。要想赢得这场挑战，你必须运用所有的思维技能。在具体操作上，首先要关注最重要的知识和技能，用高亮字体或红色字体突出这些信息，提醒自己其重要性。接下来找出计划中适度重要但非首要的那部分内容，它们对你的最终表现影响不大，却能帮你学得更快乐或为最终结果增加亮点，不妨用琥珀色或橙色加注此类信息。至于其他一切能更好地在文中体现事实和观点的有用信息，可以用其他颜色或方法进行标记。你可以将表中最不重要的信息标记为绿色。

增加价值

红绿灯标记法会帮助你更好地分配时间和精力，但不要认为绿色的信息是没用的。根据教学大纲的传统，一些非重点信息往往属于事实资料或引用资料，反而能帮你取得更高的分数。了解核心信息并仔细研究它们当然很有必要，但其他信息也不能忽略，如果你能掌握非重点信息并在考试中回忆起来，很可能会取得意想不到的好成绩。

学习程度

学习的广度和深度是学习策略的两个重要方面。通过制订上述可视化学习计划，你会了解课程的哪些方面需要深入地学习和记忆，哪些方面需要用一般的方法进行浅显的学习。在学习化学方程和引用他人的话时，细微的错误可能会带来糟糕的结果；但在学习科学论文或莎士比亚的戏剧时，你无须逐字

> 研究。你需要在丰富的多层次的学习中进行不同"深度"的学习，比如，在分别学习论文中的公式和演讲的引用语时，学习深度势必不同，这有助于将全脑思维发挥到最佳水平（见第3章）。成功的学习是深度学习和浅层学习的结合，本书将帮助你灵活运用这两种方法。认清自己需要的学习深度对特定的记忆技能至关重要，掌握了这一点，策略学习才会逐渐成为整体学习方法的重要组成部分，并发挥积极的作用。

● 瞄准记忆

当你列好清单并用"红绿灯"法标记信息后，你需要分析记忆技能如何在这一过程中帮助你。

开始在纸上或电脑上列出第二份清单，它是第一份清单的"搭档"，要记录的是使用记忆技能的不同方法，以帮助你实现学业成功。通过阅读本书，你会发现更多的记忆技能及其应用方式，不过目前你已经了解到足够多的有效的记忆策略，能够帮你收集各种形式的信息，为单词、抽象的想法和任何类型的清单创建长时记忆。仔细阅读你的计划，并详细记录记忆技能是如何发挥优势的。

在清单中列出记忆会从哪些方面强化你的学习能力以及提高学习成果，包括记忆对特定领域的知识和技能以及对整体学习表现的所有功能。通过本书的学习，你会掌握越来越多的记忆使用方法。

> **记忆工具**
>
> 想想你要记忆和掌握的主要语句、复杂词汇或科学术语，你将要去探索和比较的关键概念，你要分类梳理并进行学习和记忆的信息……你能把自己写的文章以一系列副标题的形式进行记忆吗？我想，你应当已经学会了运用记忆学习实用技能，并通过想象在大脑中进行排练，或者把你需要在口试中说的内容提前存储在大脑里。你或许已经意识到，记忆技巧将帮助你组织思维、提高自信心、回答最难的问题、写出最有创意的答案。

● 利用过去所学

在制订计划的策略阶段以及所有的学习过程中，你要学会运用以前学过的东西，使之成为未来学习的垫脚石，这是非常重要的策略。在学习新事物时，如果你想起以前接触过的相似领域的知识，由此带来的熟悉感会让你学起来更容易。即使你很多年都没再接触这一领域，也极可能会发挥巨大的效用。

使用你制订的"红绿灯"计划表依次分析每个学习主题。你现在还能记住多少过去学会的知识？回顾是一个常识性策略，但常常不受重视。重新学习已经记得很牢固的知识的确意义不大，但通常的情况是，当你重温所学的知识，你会发现它们并没有扎实地记在你的大脑中。

✓ 调查记忆

你可以像警察审犯人那样"问询"自己的记忆，并更准确地了解自己所掌握的内容。

- 目击证人需要把注意力集中在一个特定细节上，通过一个细节引发多种联系。你可以模仿这种方式利用记忆的关联结构。例如，分析法国料理时，你可以先选择一种材料或味道，逐步深入并延伸。这是一个极佳的方法，有助于你从一个想法快速引出其他想法。你可能会通过一件罗马长袍想到古代服装的诸多方面，或者因长江联想到更多关于河流形成的事情。

- 目击者有时会发现，如果他们在大脑中重新创造事件发生时的某些条件，可以记起更多的信息。你也可以尝试这种方法，在你上一次学习俄国革命，听贝多芬的交响曲或修补化油器时，你还记得当时自己在哪里，天气怎样，心情如何吗？

- 第三种是"逆向策略"，需要你反向思考学习经验，甚至信息本身。想象自己刚刚完成了物理实验。在你最后一次看温度表之前发生了什么？回想上个月政治讲座中讨论的主题，多年前你看到的编程顺序，你在童年时了解到的蛋糕配方，看看它们是否有助于你挖掘更多的记忆。试试吧，你可能会借此回想起更丰富的细节。

● 绘制进度

在你执行计划表并逐渐掌握其中每项内容的过程中，把自己的进步记录下来,记录方法由你自己决定。如果你做的是电子表格,或许可以在某一主题上面添加笑脸,表示你对掌握该主题越来越有信心。当你掌握了新知识后,可以把皱眉的表情换成微笑,寓意和前面一样。如果你方便复制自己的工作表,可以多制作几个版本,以便在更新计划时继续做记录或涂鸦。任何对你有效的方法都可以尝试,比如你可能更喜欢用贴画和便利条,或是使用多种颜色,但要确保这些方法能准确跟踪你的学习进度,确保它们在你的学习中真正发挥了重要的作用。

策略学习的实用小贴士

◎ **意识到学习必须要有策略。**最好的情况是将学习建立在兴趣、快乐、创造力和深入理解的基础之上,能够把所学知识应用到真实的生活中。但学习必须始终以明确的行动计划为基础,通过有意识的策略来充分发挥记忆力和大脑潜能。

◎ **制订计划,在整个学习过程中使用记忆,而不仅仅是在考试中或考前的几天使用(见第14章)。**记忆技能将帮助你收集和整理所需探索和扩展的全部信息,使你在考试时顺利回想并应用记忆。

GO 现在要做的……

1. 制订学习计划,列出你需要掌握的各种知识和技能。开始记录你要在学习中运用的所有记忆技能。

2. 庆祝学习中的每一次进步。确保你把它们全部记在你的计划表上。在掌握和记忆信息的过程中，记录个人进步将有助于你保持动力。

3. 利用你的可视化能力创造一个学业成功的"未来记忆"。试想一下，通过结合自己的学习风格，自信地将记忆技能应用到整个学习过程中，使你掌握了学习计划中的所有内容，并在大脑中"看到"自己采取行动，实现了所有目标，你会做何感受？（参见第 14 章）。

第三部分

HOW to Improve Your Memory for Study

学会高效记忆

HOW to Improve Your Memory for Study

第 7 章

情景记忆法

从本章开始,你要训练如何下意识地合理制造记忆,这将会使你的学习能力更上一层楼。先别去管你需要学习的内容,本章探讨的核心技能适用于掌握任何类型的信息,你可以利用想象力适当改变这些技能,使其更适合自己的大脑思维方式。

通过本章,你可以了解:

- 改变学习信息,加深记忆;
- 全脑学习技巧的好处;
- 情景和故事能够增强记忆力;
- 提高词汇量的技巧;
- 如何记住外语单词。

● 转化学习方式

当你知道如何正确使用记忆后，任何信息都会牢牢地留在你的大脑里。无论你要学习多少信息，不管它们看起来多么抽象、复杂、混乱或无聊，你都可以进行适当的转换，使它们适合自己的大脑思维，从而激活自己的记忆。

很多学生把主要时间浪费在不合适的记忆方法上，往往以最困难的方法学习材料，反而忽略了更容易、更愉快和更有效的方法。找到合适的方法或许会花费你不少精力，但是你的付出很快就会得到回报。在掌控制造记忆这一最为积极高效的学习方式的过程中，你的整体学习能力都会有所进步。

✓ 左右大脑

策略学习有较强的针对性，它充分利用了左脑型思维方式，同时与右脑型思维的图形、情感和创造力结合起来，形成强大的整体方法。一般来说，你得到的原始材料虽然合乎逻辑，严肃真实，但需要你在学完之后将其还原成初始信息，再将它们写在试卷上或复述出来以通过考试。不过，在你进行信息收集、探索和存储的过程中，你可以赋予这些信息虚幻、奇怪、丰富、有趣、惊奇以及情绪化等特质，来帮助自己与知识互动并记住它们。

✓ 相信你的记忆力

有些人担心，创建新"版本"的学习材料会让记忆更加困难。他们会疑惑，这样貌似平白增加了更多的信息来学习和记

第 7 章 情景记忆法

> 忆，不是一种额外的负担吗？原封不动地学习初始信息不是更容易吗？事实上，你创建的图形、场景和故事就是原始信息，只是换了一个更让人难忘的形式。信息转换是记忆过程的一部分，可以促进大脑的工作效率。它不会产生更多的信息，只会让相同的信息更加让人难忘。

● 创作情景故事

有时候，你需要记忆的信息篇幅较长、关联性强，比如详细的清单、专家报告和复杂的论文等（见第 8 章），但其中许多有用的信息可以巧妙地转换为一个简单的故事或情景进行学习：只需要把想法转化为图片，然后将图片组织并联系在一起。你可能会说，故事还要考虑事件发生的先后顺序，颇为费时，但其实故事在本质上也属于独立的记忆时刻。伟大故事的特点通常都能够应用到记忆转换的过程中，你不必担心故事情节的诸多联结会增加自己的负担，要选择清晰的以及有影响力的事件激活记忆。通过练习，一些关键细节可以被视觉化，并与令人难忘的故事情节相联系，深深地植入大脑中。

例如，这里有三个科学定义，以及可能帮助你记忆的情景。当然，如果你是一个理科生，你需要精确地理解术语的含义，但下面的有趣提示仍然会派上用场。图形思考可以帮助你发现不同信息之间的联系，将你置于轻松并富有想象力的思维框架中，用充满创造力的灵活方式在大脑中记忆信息。

对于每一个定义，你都需要记忆两个要素：科学术语及其含义。你现在面临的挑战是创造一个难忘的情景,将科学术语和含义联系在一起,并牢牢记在大脑里。

你需要充分利用自己学过的思维技能:注意力、组织能力、可视化能力和想象力。现在,集中精神,制定策略,绘制信息,存入记忆。

> 双键(double bond):共价键的一种,意味着共用电子对的存在,就是这一对电子,由键的两方各出一个,彼此共用。

想象一位英雄正在受到庞大的水果机器人的威胁。在你的大脑情景剧中,扮演詹姆斯·邦德的特技演员邦德(Bond)正面对着两枚原子弹,原子弹和梨形机器人组合在一起。这是多么丰富新奇的故事,想象屏幕上的动作、配乐和你观看时的感受。将这样的画面呈现在大脑中:两个梨形机器人一起推动原子弹,而"邦德(double bond)"正在努力与它们抗争,试图拯救世界……

> 放热(Exothermic):物体本身的温度降低,向外界放出热量,外界温度升高。

你可以用笔在鸡蛋上标注"ex",提醒自己放热是热水瓶里或热水袋上的鸡蛋变温的过程[①]。有时候,挑选出字母(比如标注ex)的过程会提醒你单词的真实含义,虽然你想到的图形与该单词未必能顺利联系起来,但它仍会加强你的记忆。这一过程会迫使你认真观察科学术语,充分利用之前所学的知识,然后找到有

---

① 鸡蛋的英语单词是 egg,与 ex 发音相似。——译者注

效的记忆方法。在这个例子中,让你的感官发挥作用,想象热水瓶中鸡蛋煮熟后散发的味道,你会有所收获的。

量子(Quantum):具有离散性的某种物质。

想象你的胃叫"con tum",它分裂成了许多小块。如果女王的手鼓"tom-toms"也出现了这种情况会怎样呢?利用这种好玩的方式拆分学习专业词汇,直到它们给你留下深刻的印象,然后在大脑中画出与真实意义相联系的图片。相信你的大脑会在事实和虚构之间游刃有余。当你把奇怪的图像转换回传统的科学术语时,你会发现你的记忆非常高效和准确。

重在行动

除了阅读这些例子,你还要确保自己把这些图片真实地呈现在大脑里。要掌握这种积极新颖的学习方式,简单地阅读是不够的,你还需要花几秒钟在大脑中想象出情景信息,并加入其他感觉和情绪,对自己讲述刚才发生过的事情,以及接下来要发生的事情。利用左右大脑创建记忆故事,并在需要的时候完整地回忆起来。

情景故事的记忆技巧适用于记忆所有学科知识,是增添细节信息的好方法。

在经济学中,当某一家企业为整个市场服务时,就会形成"自然垄断(natural monopoly)"。

水产业是"自然垄断"的典型例子,你可以根据这一概念创作情景故事。你可以想象一个完全由天然材料组成的大富翁游戏

（大富翁的英语名字是"Monopoly"），游戏是以清新自然的颜色呈现的，玩家由自然主义者扮演……棋盘上的每家地产都由一家水产公司掌控。你可以想象自己在和朋友玩"自然"版本的大富翁游戏，互相传递游戏纸币。在你的记忆中，场景的关键要素应该是自然、垄断、高效、独家水产公司。这些关键词会提醒你自然垄断（natural monopoly）的实际意义。

自己尝试练习这种方法。下面还有两个经济学的概念，试着创建图形代表这些专业术语及其含义，然后将其转化为最难忘的情景。

协议外工资（wage drift）：基本工资和总收入之间的差异，包括加班费、奖金和绩效工资。

熊市（bear）：投资者认为证券的价格会下降。

● 文字的力量[①]

无论你选了哪门课，学习生僻词都会对你很有帮助。在某些科目中，专业术语至关重要，你必须掌握其准确含义，才能在考试中理解问题，给出正确答案，拿到分数。有些学科可能没有这么严格的要求，但无论哪一门学科，学习专业术语都能帮助你提高学习质量。当你回答问题时，引用几个专业术语会给别人留下更好的印象。记忆技能可以帮你准确记忆专业术语，扩大词汇量。

---

① 本部分练习更适用于记忆英语单词，但是可以借鉴思路，记忆其他语言文字。——译者注

第7章　情景记忆法

如果你遇到以后可能会用到的术语，那就花些时间记住它们吧。仔细观察每个词的外观和发音，探索它可能产生的所有关联，直到大脑中出现重要的图形。利用有效的记忆方式把术语真正的含义和想象联系起来。

这里有一些英语生僻单词及其含义。我为前两个单词提供了一些想法。练习完之后，你可以用相似的方式记忆其他单词，设计包含关键信息在内的记忆场景，看看自己能否记住。

buccula：a double chin（双下巴）

buccula 的发音像"book cooler"，汉语是"图书冷却器"的意思。你可以想象这样一幅图片：一个人把书垫在下巴上，下巴挤出了褶皱。想象自己触摸这个奇怪的人肉图书冷却器，检查它是否在工作。

chiliad：a period of one thousand years（一千年）

也许你可以把 chiliad 分成"chilli ad"，汉语是"辣椒广告"的意思。想象电视上播放的热辣的辣椒广告，你看到后不停地流口水，体温不断上升，持续了一千年。

现在，自己进行下列练习。

abrose：having large or thick lips（厚嘴唇）
logorrhoea：excessive talking（多语症）
tricorne：a hat with three points（三角帽）
warison：a musical note used to signal the start of an attack（冲锋号角）

小试牛刀

当你尝试这种学习方式时，估算一下自己要花多长时间创建记忆情景。在阅读了上述例子之后，你可能认为这种方式有些耗费时间，但实际上你很快就能做到。通常情况下，你看到一个术语或概念之后，大脑中立刻联想到的事物就可以用作图形创建的基础，你只需要进一步添加细节，想出聪明的线索以加强记忆即可大功告成。当你对自己的学习技巧充满信心的时候，几秒钟之内就能完成所有的步骤。

质疑一切

好奇心能对你的记忆产生积极的影响，帮你发现学习的所有可能性，找到全新的信息处理方式。你提出的具体问题可以让你和所学的信息建立密切的联系。提问是一个简单而强大的方法，会帮你创建记忆情景。为了加强记忆，你创建的情景故事往往会夸大所有细节，所以你有必要问一下自己为什么有些事物看起来那么夸张，是什么让它变得如此奇怪，从另一个角度来看会有什么不同。如果你常问自己：刚刚发生了什么？接下来该怎么办？为什么这些东西会在这里？接下来会发生什么？这件事对以后的事情会有什么影响？那么你就会创建出一个关联性更强、更难忘的情景记忆。

● 学习语言

情景记忆非常适合外语学习。根据外语中单词的外观或声音，创建"桥接"图形，然后想出难忘的方式将图形与单词的真正含义联系起来：

- 通过想象创建情景；
- 强调重要细节；
- 激活你的感官；
- 重视任何能引发回忆的情绪；
- 对你所看到的一切进行提问。

在德国，"Birne"是"梨子"，英语是"Pear"的意思。梨子的英语单词发音像"fire"，即"燃烧"的意思。所以你可以想象煤气灯（英语是"Bunsen burner"，与"Birne"外貌相似）的桥接图像，问问自己，加热煤气灯散发出来的香甜气味来自哪里，在大脑里想象煮梨子的图片，夸大梨子的大小和火焰的温度，想一想自己担心煤气灯着火并朝你滚来的情形……你也可以添加其他的记忆线索，比如这里的煤气灯是梨子形的，或者梨子的顶端突出来一根金属管。问问自己能看到的具体图形以及它代表什么含义。

> **双向思考**
>
> 习惯双向思考语言问题。为了在学习中充分利用情景信息，你需要了解外语单词的意思，进行双向思考。而你只有了解了单词的意思才能创造情景故事。自我提问会帮助你双向思考情景记忆。煤气灯上是什么？为什么梨子会被煮坏？

在法语中，"loup"是狼（wolf）的意思。记住关键步骤：集中精力，选择策略，找到一个形象，把它与实际意义联系起来，利用任何你能想到的方式丰富记忆。想象自己在记忆情境中的行动，增加自己的感官体验和情绪。

也许有一只恶狼狠的狼盯上了你，在你身边转圈（转圈在英语里是"loop"的意思，与"loup"发音相近）威胁你。也许有一只狼正在驾驶一辆特技飞机，并在人群上空表演翻筋斗（英语是"loop-the-loops"，与"loup"相近）。你会怎么强调大脑情景中的动物是狼？你可以想象自己在吹狼哨企图吓跑狼，或是吹狼哨以庆祝它的飞行表演，抑或是想象它穿着《小红帽》中外婆穿的衣服。

在你的大脑中想象动画场景，并全身心地投入表演。充分利用右脑创造奇怪、有趣和富有想象力的图片……同时使用左脑逻辑来锁定细节，并强调记忆情节代表的真正含义。注意双向思考：狼是否让你想起圆圈的图形，法语"loup"是否能让你想起狼的意思？

眼皮（eyelid）的西班牙语单词是"parpado"。要是以前，如果你在西班牙语单词表中看到它，可能会重复读几次，尽可能用它造几个句子，但绝不会做些特别的事去加强记忆。现在，你肯定知道该怎么去做了。

你可以发明一个人物"Papa Dough"，其发音与"parpado"相似，汉语意思分别是爸爸、面团），"Papa Dough"喜欢用自己的眼皮揉面团。

> ✓ **图片线索**
>
> 你发明的图片要能唤起你的记忆，不过也无须反映出初始信息的所有细节。图片只是线索，提醒你回顾信息并建立正确

第 7 章　情景记忆法

> 的联系。有时候，一个简单的单词或一个音节都能帮助到你。在某些情况下，首字母就足以让你想起整个单词，所以图片上只需要画一个首字母。你是掌控学习过程的主人公，需要自己决定你的记忆图形的细节。

现在你应该对自己的记忆力充满信心。利用下列外语单词进行主动学习，练习上述方法。不要寄希望于记忆能主动发挥作用，要通过自己的努力让记忆方法更有效，要花时间学习长久有效的全新的记忆方法。

德语：

　　Das Hemd：shirt（衬衫）
　　Der Kiefer：jaw（下巴）
　　Das Becken：basin（盆地）

法语：

　　La carte：map（地图）
　　Merci：thank you（感谢）
　　Blanc：white（白色）

西班牙语：

　　E1 horno：oven（烤箱）
　　E1 raton：mouse（老鼠）
　　La cartera：wallet（钱包）

111

● 完美配对

在学习的诸多领域，将不同的对象关联起来会对记忆有很大帮助。联系的对象不局限于词语及其含义，仔细研究后，你会发现你可以在诸多其他领域运用这一关键的记忆技能。

例如，下面是五位发明家及其发明。他们可能出现在特定的考试作文或小组讨论中，你需要记住他们来帮助自己进行研究。其他类似信息包括文学作者及其最重要的作品、导师及其专业科目、朋友及其所在宿舍……

Hovercraft（气垫船）by Christopher Cockerell（UK）；

Lawnmower（割草机）by Edwin Beard Budding（UK）；

Windscreen wiper blade（挡风玻璃刮水器）by Mary Anderson（USA）；

Hand-held metal detector（手持金属探测器）by Gerhard Fischer（Germany）；

Ejection seat（弹射座椅）by Anastase Dragomir（Romania）。

为什么不把每个发明家的姓氏与他们的发明联系起来呢？你可以运用想象力把每一个名字变成一张图片，思考他们的名字听起来像什么，会让人想起什么……然后将想到的图片与对应的发明联系起来，创造一个生动的情景故事。

针对第一个发明家的姓氏Cockerell，你可能会想到一只公鸡（公鸡的英语cockerel，与Cockerell发音相似）驾驶气垫船；继续想象花朵由萌芽（萌芽的英语Budding，与第二位发明家的姓一致）到开放的场景，直到花儿被割草机切成碎片。

接下来，你可以对发明者的名字进行联想。公鸡可能会戴着圣克里斯托弗纪念章（圣克里斯托弗的英语是"Christopher"，是第一位发明者的名）。如果胡须（胡须的英语是"Beard"，是第二位发明者的名）也被割草机割下了呢？

你可以轻松地为前两个情景加入更多细节，创作更长的故事。如果这个佩戴纪念章的气垫船驾驶员公鸡在吃肯德基的汉堡，那么你会记得这位发明家来自美国。第二个恐怖的"除草故事"可能发生在典型的英国乡村花园里。

利用这些情景故事进行记忆，或者自己想象出更好的故事，看看能不能记住这五位发明家及其发明。

全新维度

思考一下，这一生动有趣的记忆方法对你的学习有何帮助。信息变成了精心挑选的图片，然后被塑造成令人难忘的场景与有趣的故事。它们会吸引你的注意力，激发你的感官，挖掘你的情绪，并让你轻松记住所有重要的细节。初始材料以一种全新的令人难忘的形式固定在你的头脑中，同时其真实意义仍然清晰。你课程的哪些部分适合这种方式？你可以用这种强大的方法学习专业术语、定义、外语单词和短语吗？这一过程需要你投入一定的时间和精力，一旦学会，所有的重要信息都会变得触手可及。

记忆的实用小贴士

◎ 尽可能多地将感觉和情绪融入你的记忆情景中。增加声音、气味、口味和触感来丰富大脑中的视觉形象，夸大你可能感觉到的情绪，让自己真实地置身于情景当中。

◎ 创造记忆场景时，你的大脑里会出现什么画面？思考图形代表的具体含义，在需要时成功地记起信息。

◎ 关注你所创造的记忆情景中的重要细节。你大脑中的记忆情景可能很生动有趣，你对它的整体印象也很好，但是具体细节代表什么意思呢？

现在要做的……

1. 学会关联不同的词语和想法，创造出包含不同信息的强大的记忆场景。收集生僻词、专有名词或自己不太理解的词。为自己设定一个目标：每天进行三组情景记忆。

2. 主动使用记忆技能积累外语单词。根据单词的发音和拼写，把每个单词转换成一张图片，然后将图片与单词的真实含义联系起来。在学习西班牙语单词时，你能否增加一个特别的细节来提醒单词的性别：比如阳性词用黑白图片表示，阴性词用彩色图片表示，或者阳性词在白天发生，阴性词在晚上发生？

3. 每当你的学习涉及两个相关的内容时，比如人物和发明、国家和产品、器官和疾病等，学会下意识地将它们联系在一起。通过一系列关键步骤，把它们转换成生动的图形，然后激活你的想象力，创造出一个引人入胜的难忘情景。

HOW to Improve Your Memory for Study

第 8 章

故事记忆法

讲故事是加强记忆的有力工具。好故事具有独特性和趣味性，非同寻常的故事情节会激发大脑的视觉想象。同时，好的故事层次分明，结构清楚。因此，故事记忆法是左脑型思维和右脑型思维的完美结合。本章讲的是如何将任何一种信息转化为故事，帮你通过简单、愉快和高效的方式学习各种学科。

通过本章，你可以了解：

- 讲故事学习法的悠久传统；
- 如何讲一个令人难忘的故事；
- 如何记住生活中的各类清单；
- 加强记忆故事的顺序；
- 增强信息可记忆性的方法。

● 讲故事

数千年来，世界各国的人们都会用讲故事的方式加强记忆。讲故事是训练全脑思维的良好方式，将负责逻辑和结构的左脑型思维与强调想象力、比喻和兴趣的右脑型思维完美地结合在一起。讲故事的学习传统自古就有，在经过改善和调整后，其已能够满足当今各种具体的学习需求。

好的故事很容易被记住，因此利用讲故事的方法加强记忆是非常值得尝试的。你要学会从当前学习的材料中提取意象，然后把想到的图片组织成单独的情景以帮助自己记忆关键点，或者创作一个包含更多信息的长故事。

口头传统

在书面文字出现之前，讲故事是使知识流传下来的重要方式，很多重要的信息都是通过口头语言流传至今的。人们正是通过讲故事的方式，使历史、地理、法律和神话等知识得以世代相传。好的故事需要给人们留下深刻的印象，因此讲述者通常以特殊的讲述方式传达信息，使用经过反复验证的技能令听众记住细节。讲一个好故事需要能激发听众的视觉想象，加强其感官联系，触动情感，通过幽默新奇的方式给听众留下深刻的印象，同时故事本身也需要有良好的结构。

你首先需要知道怎么讲一个好故事，然后进行主动练习，从而有效地增强你的记忆力。

第8章 故事记忆法

● 要记住的故事

要创造一个成功的记忆故事，你需要使用第 5 章提到的四个关键技能：注意力、可视化能力、组织能力和想象力。

- 将精力集中在任务上，有意识地控制记忆过程。
- 对你需要了解的信息进行可视化，把它们变成你大脑中难忘的图形。即使抽象的概念也可以给出代表性的图片线索。
- 组织图片信息，形成最有助于记忆的情景。
- 想象一个引人入胜的故事，为图片赋予生命，加入自己的感觉和情绪。在每个阶段都要学会自我提问。要学会使用夸张的手法，创造一个多姿多彩、有趣、怪异以及令人兴奋的故事，同时也要合理地组织和控制故事。现在，运用这种方法增强所有原始信息的可记忆性。

● 待办清单

下列信息是你在上大学时需要携带的物品清单，你要把它们编成难忘的故事。你当然可以选择把它们写在纸上进行核查，但记在大脑里无疑会对你裨益良多。找到有效的方法记住所有这些东西，确保在你逛商店或检查行李时能够轻松地回想起来。这是极其有效的大脑训练，整个学习过程都会用到。通过练习，你会发现任何东西都能通过故事记忆法进行学习：

- 计算器；
- 考试证书；
- 记事板；
- 日记；

- 文件夹；
- 词典；
- 旅行优惠卡；
- 台灯；
- 银行账户明细；
- 护照照片。

> **加强创意**
>
> 当你开始思考代表这些事物的最佳图片时，你就需要把刻板的现实抛在脑后。计算器并不一定属于你，甚至可能不是真正的计算器。你可以把它想成最昂贵的镀金计算器，是专为皇室手工打造的，或者是世界上最大的计算器，只能装在巨人的口袋里；字典可能是塞缪尔·约翰逊（Samuel Johnson）创作的手稿版，上面布满了灰尘；台灯可能和灯塔一样高大明亮。你需要从一开始就使信息变得特别些，以便让自己进入创造性思维和学习的最佳状态。

当你的大脑中出现一些鲜明的图片，你需要用最有效的方式排列它们，找出能够让你将不同图片相联系的想法：图片有何共通之处？记忆故事的最佳起始点以及结束点在哪里？有些列表需要按特定的顺序学习，但这个例子不必，你可以按照自己的创意自由排序。

记事板或许是一个好开头，你可以把它想象成一个非普通大小的记事板，而是像广告牌那么大，能帮助你记住清单上的其他所有东西，接下来会发生什么取决于你。你的故事是描绘、行动

第 8 章　故事记忆法

和事件的结合体,你可以通过想象在大脑中叙述任何一系列想法。

你可以马上把一些东西钉在巨大的记事板上,比如一本旧的字典,再想象一个坚固的书架来放置台灯。你可能会注意到,灯光的明亮光线恰好投射在金色的计算器上,发出刺眼的亮光。如果计算器上的每个按钮都不是数字,而是变成了你的护照照片会是什么样?你可以揭下其中一张照片贴在自己的旅行优惠卡上,然后发现卡片动了起来,在房间里跑来跑去,发出火车或公交车的鸣笛声。

这是清单里前六项物品的图片及其构造的一个充满想象力的故事。巨大的记事板上有一本字典,上面挂着一盏灯,照在计算器上,计算器上的按钮是护照照片。你在旅行卡上贴了一张照片,然后旅行卡自己"出发了"。

看看你现在是否可以运用这种方式记忆列在记忆清单上的后四项物品,将故事继续讲下去。不断地问自己:接下来会发生什么?这个物品怎么融入故事中?如果我在故事当中,我会做何反应?完成这一过程后,回头看看记忆故事,看看哪些部分格外突出,哪些部分有待加强。现在你能记住清单里的全部内容吗?

与物品清单一样,人物清单也可以用编故事的方法进行记忆。你可能经常在学习中和人物打交道,比如写一篇关于国王和王后、律师或知名时装设计师的文章、做一个主题为"世界政坛关键人物"的演讲、在社交场合记忆人名等。

下列清单是一个很好的挑战,它是一组重要的人物列表,记录了自第二次世界大战以来的美国总统,你需要按照正确的顺序记住他们，因为他们对于美国历史非常重要。

第二次世界大战以来的前十位美国总统是……

Truman（杜鲁门），Eisenhower（艾森豪威尔），Kennedy（肯尼迪），Johnson（约翰逊），Nixon（尼克松），Ford（福特），Carter（卡特），Reagan（里根），Bush（布什），Clinton（克林顿）

一般情况下，你会根据真实的联想和完全编造的线索构思图片。在这种情况下，你的头脑中可能有一个非常清晰的罗纳德·里根的形象，但由于年代久远，你可能并不知道艾森豪威尔总统的样子。同理，你对肯尼迪的了解可能多于杜鲁门。但不用担心，即使是以前从未听过的名字，也可以给出一个清晰有效的图形来表达它，并以此创造一个好故事。

Truman：将英语单词拆分成"true man"，意为真正的男人，想象他在法庭作证并宣誓。

Eisenhower：英语发音很像"ice shower"，意为冰水浴，想象他在冰水中声称要唤醒你。

Kennedy：Ken，是"真正的男人"的塑料男娃娃。

你可以创作很多难忘的故事。比如说，"真正的男人"（Trueman）站在冰水浴（Eisenhower）中作证，用他的塑料男娃娃（Kennedy）擦洗背部。

按照这种方式继续创造故事，看看自己如何记住十位总统。

- 尽可能让故事更有趣、情节跌宕起伏，并增添虚幻色彩。
- 丰富感官体验，比如淋浴中的冰冷的水，射线枪的声音……

- 思考故事中的角色们的心理感受。
- 尽可能将自己融入故事当中。

然后检查你的记忆故事是否有效，你能否准确地记起这十位总统的顺序。

> **过渡语**
>
> 当人们用讲故事的方法记忆成百上千条信息时，他们特别关心的问题是故事中的内在联系。一个好故事是一连串事件的结合，也可以被看作一长串清单。如果你的思维能从一个事物精准地移动到另一个事物上，你会很容易记住一个长故事。与此同时，故事的良好结构会触发新的想法。所以，过渡事件需要具体、明确、多样、恰当，并且令人难忘。
>
> - 当一件事可以被下一件事接续时，使用有效的方法将其顺利过渡到下一件事或者引出下一件事。
> - 一些问题可以并列表述，可以总起分段，也可以密切联系在一起。
> - 人、动物和物品可以说话、亲吻、打拳或朝对方射击。
>
> 有时，过渡事件就好像电影里放大特定细节一样，随之经常会出现下一个事物或呈现闪回效果。
>
> 很多情况下，问问题是个简单粗暴而有效的方法，你无须太多操作就可以直接过渡到下文。
>
> - 如果我打开箱子朝里看，会发现什么？
> - 她正在变成另一个角色：会是谁？
> - 这东西在旋转，会发生什么事？
> - 它似乎在膨胀，可能会爆炸吗？

看一下面的一长串国家名单，学会创造过渡事件。这些国家是根据卫生保健支出的统计数据挑选出来的。你在考试中可能需要参考这份名单，或是在演讲中谈论这些国家，又或者是借用这 10 个国家详细介绍有关国际卫生政策的文章。

美国；挪威；瑞士；卢森堡；加拿大；荷兰；奥地利；法国；比利时；德国。

有信心吗

面对这种记忆挑战，你有何反应？你面对的是一系列具体的信息，即按照特定顺序排列的十个国家，所以你有没有信心记住全部信息？这会是一个耗时、困难、乏味的工作吗？还是十分吸引你，是你学习这一积极的全新学习方法的有效训练？你的心态对学业成功与否有很大的影响（见第 4 章），所以要反思自己在接受这个挑战时的感受。充分利用每一个有助于提高自信心的想法或情绪，并从自己的成功经历中激发你的记忆力。相信自己，不要一遍又一遍地阅读清单了，你现在已经明确知道该怎么做才能让信息变得难忘。

不管你得到的信息有多真实和严肃，无论你多么迫切地需要了解它们，最好的记忆途径仍然是充满想象力和乐趣的图片线索。根据真实的联系或充满创意的想法，选择一个生动的形象来代表每个国家。美国可能是一个牛仔；挪威可能是啃咬东西的大老鼠；瑞士可能是布满小洞的奶酪……尽量选择清晰、多样和引人入胜的图片，并确保它们都能让你回想起某个特定国家。

现在开始讲故事吧！一个牛仔把他的宠物老鼠放在牛仔帽沿

上，老鼠在帽子上啃掉了一块瑞士奶酪，然后爬进一件华丽的睡衣里，上了一张豪华床（奢侈品代表卢森堡）。老鼠的豪华床装在一个铁罐里（铁代表加拿大），不幸的是，一个穿着木拖鞋（木拖鞋代表荷兰）的巨人踩在罐子上，把罐子压扁了，巨人将它捡起来，放进一只鸵鸟的口中（鸵鸟代表奥地利）……

你可以参考上述例子，或是自己创造图形线索和想法。根据你的思路创作一个故事，按照正确的顺序将 10 个国家包含在内。在这一过程中充分发挥左右大脑的功能：右脑的想象力思维能创造丰富多彩的图片和奇怪的事件，左脑要保证故事的逻辑顺序和结构。

讲完故事后，试着按照给出的顺序回忆这 10 个国家，顺便验证一下存在了几千年之久的故事学习法对你有没有帮助。

● **任何事都可以编成故事**

在学习各种集合和列表的过程中，你也可以使用故事记忆法，确保自己能在需要时及时记起它们。

序数：描述有序集合内的位置，如第一、第二、第九十八……

扇形：由两个半径和一个切断的圆弧组成。

梯形：二维四边形，只有一对平行边。

你可以创造一个专横的角色在命令人们排队："你是第一个，你是第二个，你是第三个……"也许其中一个排队者受不了他的语气，把锐利的修枝剪甩在了发号施令的人身上，然后排队者落荒而逃，跳到了一个秋千上，最后不慎跌入一张四边形网上，而这张网只有两面是平行的。

类似这样的故事包含了丰富的信息：图形代表了数学术语，周围的细节提醒你术语的含义，所有的信息被设计成一个有创意、相互关联、令人难忘的故事。在你的想象中，你可以注入感官和情绪色彩，通过"大脑摄影机"跟踪动作和情感，强调关键细节，多排练几次，直到这一幕牢牢地记在大脑中。

在文学课程中，记住所有的词性很有必要，包括动词、名词、代词、副词、形容词、介词、连词和感叹词。

看看你能否给这八个词语提供图像线索，并把它们编成一个故事。

> **一切取决于你**
>
> 要记住：这是你的故事，你不必讲给其他人听。尽可能大胆想象，打破束缚，无视禁忌，使用夸张元素，创造一个专属于自己的难忘的故事。你不必像选择正确答案那般"正经"，你自始至终要做的只是创作一个令人难忘的故事，它不必符合逻辑常理，你想怎么创作就怎么创作。

● 测试

在完成本章之前，还有一道测试题有助于衡量你的记忆力，并帮你在短时间内成为研究莎士比亚戏剧创作顺序的专家。

第8章　故事记忆法

有学者研究发现，莎士比亚戏剧的创作顺序如下：《亨利六世》《理查三世》《失落的喜剧》《提多·安德洛尼克斯》《驯悍记》《维罗纳的两位先生》《爱的徒劳》《罗密欧与朱丽叶》《理查二世》《仲夏夜之梦》。

看看你现在是否能想象出图片，在大脑中编织故事，利用记忆技能记住上述信息。

自由自在地学习

思考一下，在现实生活中学习严肃真实的信息时，却运用超现实的、颠覆性的方式会是什么感受。一旦你知道了这些伟大作品的年代表，你就可以对其进行比较，更好地了解莎士比亚的写作生涯，思考出更多的研究主题……所以这是一个非常有用的清单学习方法，能帮你构筑其他学习材料，记住关键的信息。通过这种方式，初始信息会以独特的形式存在于你的大脑中，而你也会比以往更为扎实有效地记忆信息。这种学习可以带来信念的飞跃，如果你仍对此有些许疑虑，那么不妨努力通过实践验证它们，对新的记忆技巧进行直接应用，证明它们能为你的学习带来真正的好处。再想一想，如果你真的做到了随时都用这种颠覆性的方法进行学习，那当前课程的哪些方面最适合用这种方法？

故事记忆法的实用小贴士

◎ **想象图片来代表你正在学习的信息。** 根据图片创作故事，夸大所有细节，将图片带入情景中，看看自己能否在大脑里准确生动地"放映"故事。

◎ 认真想象让故事顺利进行的一系列事件，把过渡事件在大脑中呈现出来，并逐步呈现整个故事。不管你是否需要按一定顺序记忆信息，都要保证你创作的故事包含所有的信息，同时注意故事的结构要清晰。

◎ 你可以和自己对话！培养叙述记忆故事的习惯，在讲述故事的过程中注意强调细节，从不同角度描述行动，加强记忆。

GO 现在要做的……

1. 自己列一个与当前学习相关的清单，比如要购买、预定或借的东西，又或是要完成的任务等。然后使用你在本书中学会的技能将清单编成一个故事，在之后的几天或几周中不断地检查自己的记忆情况，使用记忆技能组织你的生活和学习。

2. 从你的论文、研究课题或演讲中选出一系列话题，尽可能将它们以简洁具体的方式写下来，通过主动学习技能牢牢记住它们。

3. 将抽象的观点变成故事，拓展记忆技能。哲学概念、物理理论、文学话题等抽象的知识都可以想象成生动的图片，形成引人入胜的冒险故事。

HOW to Improve Your Memory for Study

第 9 章

旅程记忆法

历史悠久的记忆方法除了精心构建的情景记忆法和故事记忆法外，还包括旅程记忆法（也称线路记忆法或位置记忆法）。旅程记忆法起源于几个世纪以前，至今仍然是学习各类信息的有效方式。空间学习涉及旅行路线、地图和建筑物等，有真实和虚拟之分，在记忆艺术中扮演着重要的角色。这一古老的记忆方式可轻易地应用于当今的学习挑战中。

通过本章，你可以了解：

- 地点和记忆之间的联系；
- 人造记忆和古老的脑力训练；
- 希腊人和罗马人开发的空间学习系统；
- 创造记忆旅程的具体指南；
- 拓展增加额外细节的技能；
- 让信息生动难忘的方法。

● 定位记忆

空间位置和记忆之间有着很强的联系。回想一个具体位置，比如你的第一所学校或以前住过的老房子，回忆可能会奔涌而出。有太多的东西会触发记忆：不仅仅是那个地方的样子、还有气味、声音和触感，以及你在那里做过的事情、有过的感受。我们对某些地点的布局可能非常熟悉，闭着眼睛都能转上几圈，更为神奇的是，很多时候，即便是那些只去过一次的地方，我们再次回去的时候也会有很熟悉的感觉。

备忘录

位置对你的记忆有帮助吗？事实上，它可以对记忆产生有趣的影响，比如说，如果你在车里听音乐，当你突然听到某段特殊的旋律时，你能否立即想起上次听到它时所在的位置？此外，你可能在许多情况下有意识地使用物理位置帮助自己。也许你会想象自己在一个安静的小岛上生活，以此放松心情，缓解压力。你是否有过这样的经历，在进入一个房间后，完全忘记了自己来的目的，回到初始位置后又立马回想起来了？也许你已经发现，简单改变某个熟悉东西的位置，比如你的水壶或者是门边的一双鞋，你的大脑就会得到提示，需要记住那些重要的事情。

早在几千年前，人们就已经了解到，不管是真实存在的地方还是想象中的虚拟场合，都会激活我们的记忆。人脑不但能记忆位置，还具有将位置和其他信息相联系的高超技能。除了回想起具体的地点及其周边情况，我们还非常善于记住不同地点之间的路线。在前面的章节中,我们已经了解到,人们能够创造有趣的情景来加强记忆,也可以不断追踪各个事件而记住漫长复杂的故事,现在我们要学会通过路线和位置来加强记忆。思考你的"空间记忆"能力,包括详细了解你的房间、你熟知的建筑物及周边情形,以及你记忆中的旅程,比如上下班、去朋友家、散步、去高尔夫球场、取快递以及假期旅行的线路……

一直以来,聪明的人总是通过线路和位置来充分发挥自己的记忆力。

人造记忆

人造记忆不是指辅助记忆的物质工具或设备,比如日记本、日历、打结手帕、数据库和电子记事本等,而是指有意识的可控学习,旨在通过学习策略和思维技能加强记忆。在之前学过的情景记忆法和故事记忆法中,信息在经过处理后能够转变成适合大脑工作的形式,旅程记忆法亦是如此。旅程记忆法是经过反复检验的技能,能够转换学习材料的形式,使其牢牢地固定在你的大脑中,对学习的诸多方面都有益处。

- 人造记忆会激活整个大脑,你可以用严密的逻辑和无限的创造力来探索信息。
- 你可以把人造记忆与其他学习材料联系起来,以有趣新颖的方式,信心满满地应用所学知识。
- 通过这种方式,你将掌握信息的控制权,可以记住一切信息,并将信息转换成令人难忘的形式。

对于当今很多学习者来说,人造记忆似乎是一种古怪的学

> 习方式，但它实际上是历史悠久的良好传统。数千年前，当记忆技能作为学习和生活的关键技巧得以传授、受到人们的尊崇和肯定时，人造记忆就已经出现。

● 历史起源

记忆在古希腊备受推崇。在希腊神话中，记忆女神摩涅莫辛涅（Mnemosyne）是缪斯的母亲，地位崇高，用来表示记忆术语或记忆工具的词语"记忆术"（mnemonic）正是出自女神的名字。记忆技能是在物理空间和位置的基础上发展形成的，这为学习者提供了强大的思维框架。记忆是思考和学习的核心，有助于探索重要理念和新的哲学思想，同时它又保持着历史和传统的活力。在古代，伟大的演说家几乎都对记忆技能持有浓厚的兴趣，因为它们有助于提升演说家的演讲水平，有助于让听众记住演讲的内容。

罗马人继续发展了记忆艺术，并用文字记录下记忆训练的内容和具体的学习技巧，空间战略则是其中的重要内容。修辞学家和作家昆体良（Quintilian）分析了记忆与位置之间的明确关系："当我们离开某个地方较长时间后，再次回到那里时，我们不仅会想起地方本身，还会回想起在那里做过的事情，甚至是以前在那里的想法和感受。著名的"罗马房间记忆法"就是根据这样一个简单的原理形成的：建筑物和路线可以作为储存各类不相关信息的框架。罗马人认为，你可以选择一个建筑物，甚至自己发明一个，然后将信息以图片的形式安排在建筑物的特定区域中，在大脑中清晰地看到它们，进而逐步回忆起所有线索。

好处在于，对于你熟悉的路线，各个位置的顺序会牢记在你的大脑里。罗马最伟大的杰出思想家、作家和演说家之一西塞罗（Cicero）在计划和进行公开演讲时就使用了这一方法，完美呈现了他所有的观点。他简明扼要地说道："利用房间记忆法，各个位置的顺序有助于我准确无误地记起演讲内容，

● 回"家"看看

尝试使用罗马房间记忆法。家是你最熟悉的建筑物，从家开始练习是个好主意。不管你的家是什么样子的，不论你的房子属于哪种类型，它都可以成为良好的信息存储框架，帮助你记忆任何东西。

首先，花时间回顾你家的样子。思考所有可能的位置，包括家里的各个房间、走廊、阳台、橱柜，等等。你大脑中看到的家是什么样子的？你是从某个特定角度观察的吗？尽量从多个不同的角度在大脑中观察，以便形成整体印象。

接下来，制定一条合理的路线，最好包括家里 10 个不同的位置。如果你带朋友来家里转转，你会从哪里开始，到哪里结束呢？选择 10 个清晰的位置按照一定顺序进行记忆，这种方法适用于大多数空间信息存储的情况，它会帮助你很好地将结构顺序与创造力结合在一起。

选择完 10 个地方（可能是房间、走廊、橱柜、花园、阳台……）后，你要在大脑中决定你的"环家之旅"从哪里开始，

到哪里结束。在大脑中想象这 10 个位置的画面，并想象自己站在初始位置，认真思考如何到达下一个位置。你有必要核查 10 个位置的顺序，从而做到心里有数。同时，你也可以倒着回忆这 10 个位置，保证自己可以完全记住它们。

现在你可以开启自己的记忆之旅，把这 10 个地点填充上代表具体信息的图片。在学习情景记忆和故事记忆时，我们了解到任何一种信息都可以转变为生动的图形。旅程记忆法的好处是，你不必担心情景或故事中诸多事件的联系，你只需要把图片信息固定在你的记忆旅途中。你选择的建筑结构和路线会帮你按照一定顺序保存信息。因此，你只需要简单回想自己的旅程，重新发现各个位置的图片，然后将图片转变为原始的学习材料。

例如，通过学习以下列表，尝试设计一段"家庭之旅"，记住下列 10 个俱乐部或社团。

足球队；
图书社；
绘画社；
学院理事会；
话剧社；
国际象棋俱乐部；
学生咨询中心；
社交委员会；
游泳队；
跳舞俱乐部。

第9章　旅程记忆法

给上述的每个项目都增加令人难忘的图形线索，然后把每一张图片放在家庭之旅的各个位置中。

> **家的"升级"**
>
> 使用你学过的记忆技能将图片与位置联系起来。夸大在大脑中看到的一切，尽可能多地加入声音、气味等感官体验。学会创造有趣、奇怪、令人感到兴奋甚至恐惧的图片，同时利用房间内已有的物品加强图形记忆，比如一件放置物品的家具，或者电视屏幕上播出的某个特殊画面。尽可能生动形象地设计图形，突出重要细节，把自己带入情景当中，想象自己真的在家中发现了这些东西时会有什么感受。

当你把图片插入各个具体位置后，再次在大脑中检查路线。你可以提前打印出要记住的信息，以便进行核查比对，避免出现差错。完成上述步骤后，遮住清单，闭上眼睛，从家庭之旅的第一站开始，回想每一站的图形，并准确说出其含义。

你也许会把房子前面的车道当作第一站，想象自己在那里观看足球比赛，当球队奋力踢进球时（第一项：足球队），马路上的小石子都被踢飞起来。也许旅途的第二站是房子前门，它变成了一本巨大的书，你必须翻开巨大的封面，推开页面的洞门才能进入房子里（第二项：图书社）。走进房子后，你发现走廊里到处是色彩鲜艳的油漆，墙壁上流动的油漆威胁说要淹死你（第三项：绘画社）。下面的几项信息交给你，你可以自行想象。

133

实际应用

思考你会如何在学习中应用这一极为有效的记忆技能。在学习名字清单、图书清单、设备清单以及论文或演示文稿中的关键信息时，旅程学习法十分有用，同时它对学习过程的诸多阶段和个人技能的掌握都很有帮助。建筑物的坚固结构能够让你记住所有信息，围绕建筑物的路线可确保你按照正确的顺序进行记忆。将这种策略应用到你当前的学习需求中，不管你学习的内容是什么，采用这种策略都会让你更加自如地掌握它们。

记忆规则

《献给赫伦尼》（*Ad Herennium*）一书为罗马房间记忆法的使用者提供了一些重要建议。

- 确保记忆路线中的各个位置清晰整洁。
- 计划你的路线，使各个位置之间的距离大致相同。
- 多样性是记忆的一个重要因素，因此在设计路线时，尽量选择容易区分的位置。
- 在路线上设置自己的"检查站"。罗马人曾经为每段记忆旅程的第五个位置和第十个位置添加特殊的符号。

● 设计图形

旅程记忆法和位置记忆法会为你的学习打下坚实的基础。建筑物、高尔夫球场、步行或驾车路线等多种现实场合都可以用在

第9章 旅程记忆法

旅程记忆法中,你有无数种路线去验证自己学到的东西。你对现实世界的了解为你提供了一系列的框架,你可以直接把想要了解的新事物安放在这个框架上,不过前提是你能够将抽象的想法转变成生动有趣的图形。

下面的清单可以成为一个典型的例子。如果你正在研究法国大革命的起因,记住下列清单可能很有帮助:

神职人员;

贵族;

老百姓;

税收;

特权;

启蒙;

破产;

收成不好;

将军;

国民议会。

这个清单总结了重要的想法,可以帮你分析法国大革命的起因。如何把它们设计成清晰真实的图片,进而填充到大脑中的建筑物里呢?

前三项非常简单。如果你选择通过当地一家百货公司记忆信息,你可以想象一群牧师在百货店的旋转门口四处转悠;把百货店的大堂区转换成豪华庄严的家,这让你联想起贵族;然后在扶梯的每一个台阶上放上农民(老百姓)。

135

接下来的税收、特权、启蒙要怎么处理呢？这些抽象的信息处理起来有些困难，但你可以通过建立联系来帮助自己创建图形线索。

税收可能是香水柜台的税单或排队收钱的征税者。

特权可能是百货商店的巡逻人员，脖子上挂着牌子，四处巡查。

启蒙也许是更衣室里亮闪闪的聚光灯，试穿的客人会发现他们头上有个灯泡（双关，头还可以表示大脑，照亮头部隐喻为启蒙大脑）。

列表中的后四个项目由你自己尝试。这些信息如何在百货公司、你的卧室、你家到酒吧的路途中表现出来？你可以根据它们的真实含义及其引发的任何联想，或者从发音的方式中提取线索来帮助自己创造出准确生动的图形，激活大脑记忆。

● 信息存储方案

将有趣生动的图形填充到记忆旅程中会产生良好的记忆效果，不过你还可以进一步填充细节信息以便再次加强记忆。将更多的想法添加到关键图形中，把沿途的各个位置变成一个相互关联、丰富多样的信息存储库。对于需要记住大量复杂信息的学生来说，这是一个必不可少的策略。关键图形可以存储和组织最重要的想法，但额外的图片信息能帮你回忆更多的细节，从而充分发挥你的理解能力和个人技能。

第9章 旅程记忆法

在法国,神职人员会被看作社会的第一阶层,你可以想象百货商店的旋转门上贴着一个巨大的"1号口"的牌子。

如果周五的午餐时间恰好是足球队的训练时间,那么你可以在于公路上踢球的球员手里画一个煎锅。

在完成这一章之前,进行一个小测试,看看你能否将代表信息的图形插入一段记忆旅程当中。

选择另一个你熟悉的建筑物或场地:也许是校园里的建筑物、当地的体育中心或是你最喜欢的度假胜地。和上面的练习一样,选择10个地点,并按照顺序设计一条路线,然后将所需记忆的材料填充在路线的各个位置中。利用下面所给的艺术派系和代表艺术家进行测试:

浪漫主义:特纳(Turner);

现实主义:米勒(Millet);

印象派:莫奈(Monet)、皮萨罗(Pisarro);

后印象派:凡·高(van Gogh);

象征主义:雷东(Redon);

前现代主义雕塑家:罗丹(Rodin);

新艺术风格:慕夏(Mucha)、克里姆特(Klimt);

立体主义:毕加索(Picasso);

表现主义:蒙克(Munch);

未来主义:巴拉(Balla)。

如果你选择利用体育场作为记忆旅程的场地,你可以从停车场出发,想象自己看到了最喜爱的浪漫电影(浪漫主义)中的主角，她像美国著名歌手及舞蹈家蒂娜·特纳（Tina Turner）一般翩翩起舞。然后，你可以移动到入口处，发现入口处缠满了胶卷、棉花或羊毛（现实主义），一个衣服沾满小米粒（小米英语是 Millet，与第二位代表艺术家名字相同）的磨坊主把持住了门口。

现在你要接受挑战，创建一段记忆旅程，将图形信息填充进去，然后检验这种方法的效果。你是否可以准确无误地记住上述信息，有意识地进行战略性学习，令兼具逻辑和创造力的人工记忆发挥作用？

记忆旅程法的实用小贴士

◎ **在使用记忆旅程法的时候，尝试每次从同一角度观察各个位置。** 当你需要重新创造图形或回忆原始信息时，你会有种熟悉的感觉，很容易就能想起路线中的各个位置。

◎ **在创造图形以及回顾时，学会与自己交谈。** 通过问问题来加强记忆：把鱼放在房间的哪个位置最难找？我会在门后找到什么？为什么这个柜子里有酒的味道？

◎ **当记住一组特定的信息后，"清理"图形，以便使用相同的旅程框架记忆接下来要学习的信息。** 在大脑中回想记忆路线，想象自己走在路上，把添加的图形移走，准备为下一次学习挑战提供框架。

GO 现在要做的……

1. 在纸上或电脑文件上写下一系列要通过旅程记忆法记住的信息。列出主要图形信息和细节,总结它们代表的实际含义。在考试或做演讲之前,重新阅读笔记能让你回想起所有信息,而不必从头开始逐字复习。

2. 尽量使用多个建筑物或场地,实际或虚拟的都可以。它们会帮助你设计大脑路线,并将之应用到你的学业中。来自电视节目、小说中的地图或是游戏中的场景都可以用于旅程记忆。

3. 设计一条专门的路线记忆购物清单。当你想要买东西的时候,不管是每周需要的杂货还是辅助学习的设备,你都可以用这条路线记忆购物清单。长此以往,你的图形创造能力、联系地点和信息的能力以及诸多学习技能都会得到加强。

第四部分

HOW to Improve Your Memory for Study

做到融会贯通

HOW to Improve Your Memory for Study

第 10 章

重新学习阅读

你在当前学习的大部分信息都是以书面形式出现的，所以有效的阅读过程是记忆信息的重要阶段。学会阅读会帮你节省时间，获取真正有用的信息，令你更深入地理解和应用知识，进而把它们牢牢地记在大脑里。

通过本章，你可以了解：

- 灵活的阅读技巧是学习的核心；
- 培养正确的阅读习惯和学习态度；
- 如何让大脑做好有效阅读和记忆的备份；
- 针对不同的学习需求，使用不同类型的阅读方式；
- 选择适中的详细程度，并按此程度投入学习中；
- 将阅读策略与强大的记忆技能相结合。

● 阅读的重要性

不管学习什么课程，阅读几乎都是重要的组成部分。在课程开始之前，你可能会得到一份阅读清单，它们通常会组成整个学习过程的中心结构。一些科目强调核心文本，另一些则要求你熟悉各种书籍和文档。你不仅需要阅读某门学科的学习材料，还有生活中的各种文件，包括公务表格、租赁和贷款的法律文件等。有太多材料需要你去准确地阅读、理解、学习和应用。记住大量信息是一件很吸引人的事，良好的阅读习惯和方式能够支持你的记忆，而你的记忆技能也会让阅读过程更高效、更愉快。

> **阅读时你需要做的事**
>
> 思考阅读在学习中的作用，以及你的阅读感受。
>
> - 你的阅读清单是什么样的？你是否喜欢在学习开始之前就阅读相关图书，或者在整个学习过程中不断地阅读核心材料，还是倾向于阅读补充文本和网上资料？
> - 在你阅读的材料中，有多少是需要你熟记于心的，比如说主要话题或具体细节、作者的想法及写作技巧、材料中的给定事实、从各种学习材料或某类具体文件中获取的常见信息？
> - 你的阅读感受怎样？你享受阅读给定材料的过程并能从中记住信息吗？还是觉得阅读费时耗力，效率低下，毫无乐趣可言？

你的阅读方式对记忆力以及整个学习过程会产生巨大的影响。错误的阅读方式可能会浪费大量的时间，比如阅读不合适的东西、理解不透彻、过目就忘等。事实上，你可以掌控学习中的阅读过程，与所有重要信息保持密切联系，轻松而高效地把内容记在大脑里。

视觉学习

有些学生是天生的视觉学习者，更愿意从阅读材料中获取信息。在学习使用新手机时，如果你了解新手机的主要方式是阅读说明书，那你倾向于视觉学习，因此你需要在学习中充分利用阅读能力，同时还要加强倾听、操练等其他信息获取方式。如果视觉学习不是你喜欢和擅长的风格，本章将告诉你如何增强自信心，提升阅读能力。

好奇心

在阅读时，好奇心是最重要的态度之一。你需要用开放质疑的态度进行阅读，可以在阅读之前进行自我提问，比如最好的学习策略是什么，哪本书可以给你提供必要的信息，如何知道这些信息是否有用，它们会对课程的其他方面产生什么作用等。你应该对阅读带来的可能性感到兴奋，准备好以快乐的方式接受新知识，对将要探索的东西产生兴趣，所有这些积极的情绪都会提升你的记忆力。但是，你也应该准备好在必要之时转变态度，甚至拒绝某些图书或文档。关键要一直对记忆过程保持兴趣，持怀疑态度，问问自己阅读某一项材料是否会得到回报。

● 选择性阅读

你需要知道什么内容该读、什么不该读,这听上去很简单,但对学习很有帮助。善于利用记忆力很有必要,但很多学生不懂得选择正确的学习材料,致使学习水平停滞不前。把时间浪费在阅读不合适的材料上无法增加你的知识储备,甚至会让你在错误的基础上一再重复没用的信息。要充分利用记忆力,你需要进行有意识的战略性学习(见第 6 章),而第一步就是选择合适的阅读材料。

在学校里,你的导师可能会帮你选择阅读材料,特别是当课程是围绕特定的书本和学习指南开展时。即使如此,在阅读指定材料的时候,你仍需要思考在什么时间段阅读哪些材料,阅读的层次和深度如何,是否有其他书目能加强知识和技能,提升你的学习效果。这些思考对课堂学习效果以及最终的考试成绩都会产生很大的影响。

另一方面,一些学科并没有制定详细的阅读范围,它给出的阅读清单只有一些建议书目,此时就需要你从大量书籍、杂志和网上资料中做出选择。你可能会发现,与学习主题相关的书籍一辈子也读不完,因此你需要关注最好的材料,利用有限的时间和精力,获得最大的收获和回报。

● 准备工作

一旦你选择好一本书进行阅读,你需要做一些准备工作。若大脑对手头材料有了大致的了解,你的记忆效果会更好。

学习动机

学习动机取决于你对一项任务的重视程度以及你对成功的期望程度，它有助于促进记忆。因此，你有必要在阅读和学习之前，思考自己为什么会选择手边的阅读材料。你需要不断暗示自己选择这些材料的潜在好处，庆祝自己找到了有用的信息，相信自己会高效地进行探索和学习。这样的态度将提高你的理解力，增加信息存储量，加强应用知识的信心，提高考试成绩。

语境

利用图书的封皮和封底、网上评论、阅读列表笔记，以及朋友的建议等任何有助于你理解本书内容的材料进行学习。联系会加强记忆，如果你能把新信息与熟知的内容进行联系，你的阅读效率会大大提高。假如你正在研究欧洲历史，你从图书馆借了一本关于法国大革命的图书，这本书虽然是按照时间顺序展开，但是更强调某些事件。你可以将正在阅读的内容和已经掌握的知识联系起来，这会帮你强化某些观点，增加新的想法，在一定的基础上继续学习，而不是从头开始学习完全陌生的知识。

警告

你对任务准备得越充分，学习效果就会越好。准备工作会帮你了解阅读材料的重点难点、组织结构、写作风格、语言腔调和作者的典型观点。即使是一些简单的准备工作也可以对学习效果产生很大的变化。它会让你对学习内容产生好奇，但要注意此时的你不必浪费太多精力研究具体内容。要做好准备工作，有时需要你阅读简短的文字，有时则需要面对较长和更复杂的材料。无论哪种情况，提前了解学习材料都会有助于你更好地进行研究和运用。

预览

在你详细阅读之前，先简单了解整体内容，比如阅读目录、词汇表和章节摘要等，粗略预览材料能够帮你了解某本书的大体内容。在阅读新内容时，如果你能想起之前对这一话题的简单印象，你会更容易记住信息，所以在开始阅读和记忆之前，尝试对图书的结构和内容产生熟悉感。当然，除了理解具体细节，大脑还需要培养整体意识。

战略

你要清楚自己想从书中得到什么信息。问问自己，你为什么要投入时间和精力去阅读呢？你希望从中记住哪些信息？从短期和长期来看，这本书将如何帮助你学习、工作和生活？弄清这些问题会帮助你制定合适的学习策略。在读一本书前，你的大脑中要有一个清晰的规划：你将花多长时间去研究它？你需要从这本书中提取多少细节？哪些特定的记忆技能会帮助你实现目标？

● 主动阅读

记忆需要保持注意力，积极、有条理的方法可以帮你记住大量信息。所以你要在阅读时集中精力，积极适应当前的任务。

第10章　重新学习阅读

你的阅读目的

你当前的学习都涉及哪些阅读技巧？尝试思考不同的阅读目的。

- 有多少阅读材料是用来了解某门课程的整体情况，有多少是用来掌握具体细节呢？
- 你每次阅读材料时会感到完全陌生，还是会从新的观点中发现熟悉的内容？
- 你能否区分什么时候是在接触新信息，什么时候是在复习？
- 你有多少次根据手上的材料调整自己的阅读和学习方式？

诚实回答：你是掌握了一系列不同的阅读技巧，还是不管面对什么文本都一样地肤浅阅读？

在阅读时，你需要做好充分的准备工作，引导自己采取最好的学习方法。

思维

有时候你的注意力会放在思考上：考虑自己现在读的内容是什么，它们会对你现有的知识储备和理解能力产生什么影响，比如拓展你的想法，挑战以前的观点等。你的阅读目的可能是记住新理论或原创的想法，不过现在的重点是探索你当前学习的文本。

注释和疑问

在你阅读和思考时，一旦产生重要的想法，要学会做好记录。可以随身携带笔记本电脑、录音笔或记事本，准备记录有

149

> 用的信息。不要只记录和记忆相关的内容,也可以记下自己在探索内容时的个人理解。当那些闪闪发光的想法和有价值的观点在大脑中出现时,请把它们留下来。一段时间的阅读可能会归纳总结出一个突破性想法,能够帮你再次回忆内容,快记下它吧。

笔记

有时候,你还需要记下自己将来会用到的信息。你对课文的理解以及对学习益处的认识会帮助自己获取正确的信息。笔记不仅仅是复制文本中的所有内容,还包括强调关键信息。你的笔记可以是个别的单词或有用的短语,从文本中直接复制的信息或自己做的注释。同时,你可以在笔记上标出重点,包括加注高亮字体、涂鸦、漫画等任何能帮你记住信息的形式。

✓ 适可而止

> 在你要决定如何做笔记时,先假想一下如果你可以把笔记带到考试中,那你希望自己掌握多少信息?几个关键词、特定的引用、重要的日期和名称就足够了吗?如果一个单词甚至几个首字母就能够帮你回想起信息,那么记录整个句子就没有意义了。你对自己正在阅读的东西越了解,就越可能把它与学到的其他知识联系起来,同时你的笔记越简洁,就越容易帮你记起信息。

记忆

在通过阅读进行记忆时,你需要提取重要的信息,记在大脑里。这些信息会在课堂上、写论文时以及演讲时帮到你(见第 14 章)。在考场里,当监考人员说开始答题时,你要能立马想起关键信息(第 15 章)。

● 阅读时想象图片

图形会增强记忆力。如果你读的书中根本没有任何图片,你需要自己创建图片。养成习惯,在阅读任何材料的时候,学会在大脑中构思令人难忘的图片。当你读到一个特定对象,比如某位名人或某个惊心动魄的历史事件时,你很容易就能创建图片。但更多的时候,你需要发挥想象力,把抽象的想法变成生动的图片。

- 思考你会如何在幻灯片、电视广告或儿童图画书中阐述某个概念。
- 某个数量或某种情绪如何用图片来表示?
- 用文字和声音创建充满想象力的线索,帮助记住你最抽象的观点。
- 可以在大脑中的图片里加入其他感觉和情绪,并在阅读文字时加以体会。

当你进行创意阅读时,你会发现自己的注意力有所提高,更容易进行联系比较,同时会更透彻地理解内容。通过创意阅读,你会在大脑中存储很多图片,并将它们组织到一个场景中,这对短时记忆和长时记忆都会有较大帮助。

● 学习程度

战略性的主动阅读能帮你了解重点信息。本章的建议利用了制造记忆中的若干知识，可以帮你更好地使用特定的记忆技能。主要标题、独到见解、总结和重要细节等都可以转变成令人难忘的图片，被牢牢地记在大脑里。

你需要具体学习什么内容？学习材料不同，记忆技能和策略也不同。要想充分利用记忆，你得先了解自己的学习需求，选择适当的阅读方式。

场景

有时你要记住一个主要观点，包括附带细节的概念、已读文章的总结等。它们都会对你的学习产生重要影响，核心内容将会指导并逐渐拓展你未来的学习方向；主要观点涵盖重要的信息，帮助你在一定程度上理解学习材料。主要观点的记忆形式与之前学过的情景记忆非常相似，你需要为单一生动的时刻添加活动和细节，栩栩如生地展现主要观点。

例如，你可能读过一本介绍亨利八世的书，并形成了一个重要观点：他一生的统治与巨大的权力息息相关。如果你要认真地研究这位国王，你肯定得了解更多的方面，比如亨利八世与英国历史、国王、政治史、皇室和宗教等更广泛领域相关的重要话题。你目前掌握得越多，对你以后的帮助就越大。

当你读到亨利的时候，你可能会根据他的体型、穿着、积累的财富、糟糕的政策以及独特的婚姻方式创建一个形象。

- 你在大脑中看到的亨利可能比现实生活中的他更大，站在人民身上，狠狠剥削人民。
- 你可以让他穿戴必要的服饰，表示他的奢侈、严苛的税收和高压统治。
- 你会增加其他的感官体验，想象他的声音、华丽的衣服甚至是盛大宴会的味道。
- 想象自己看到他那些臭名昭著的事迹后会有什么感觉，并将你对亨利八世的所有了解集中放在记忆存储库中，准备好在需要之时与其他领域进行联系，进行更为积极深入的探索。

故事

很多时候，你还要按照一定顺序记忆信息。故事记忆法是学习流程、技能和一连串事件的最佳策略。你可以将在阅读或做笔记时创造的图形精心地组织成一个有趣的故事。

也许你正在研究消化系统，那么你就需要记住所涉及的重要器官、化学品和整个过程。

你的笔记可能看起来像这样：

消化从口腔开始：牙齿、舌头、唾液、酶；

淀粉转化为糖，嘴里的咀嚼物进入喉咙，进食时会压盖住气管，然后食物进入食道和胃……

你可以讲一个生动刺激的怪物故事。首先出现的是怪物的巨大嘴巴，也就是消化开始的地方；想象怪物的尖牙和大舌头，也许你的朋友莎莉（莎莉的英文名 Sally 和唾液的英文单词"saliva"相似）在那里；在宠物鸡（酶）的帮助下把食物搅碎；这个怪物正在吃星星（星星的英文单词是"star"，与淀粉的英文单词"starch"相似），星星变成了甜的糖粉，被倒入了一个大碗里（碗的英文单词"bowl"与咀嚼物的英文单词"bolus"相似）；一只叫洛蒂（洛蒂的英文单词"Lottie"与会厌的英文单词"epiglottis"相似）的猪站在管子（气管）旁边，一只鹅（鹅的英语单词"goose"与食道的英文单词"oesophagus"相似）把碗带到怪物的肚子里。你可以为这个故事添加更多令人难忘的元素，结合事实与幻想，创建一系列事件，牢记你所需要掌握的信息。

旅程

对于更长的信息列表，特别是每个关键点都附带具体细节和一定顺序的内容，旅程记忆法会很有帮助。你要选择一个熟悉的建筑物或路线作为框架，核查路线上的各个位置，计划好旅程的起点和终点，然后用生动的图像线索把路线填充好。你可以一边阅读一边利用旅程记忆法记录信息，也可以在阅读完之后再记下路线信息。记得随时随地添加更多的细节，这一方法在你阅读同一主题的多份材料时尤其有用。左右大脑协力合作，创建良好的记忆旅程对你的学习帮助很大，能帮你牢牢记住这些信息。

要了解伦敦的历史，你可能需要以下列信息来进行小组讨论、演讲或考试：

- 神话；
- 史前；
- 泰晤士河作为部落边界；
- 罗马人；

- 盎格鲁·撒克逊人；
- 海盗袭击。

你可以使用自己"家"的路线进行想象：

- 神话动物沿着车道跟踪你；
- 一个坐在你家门口的穴居人；
- 泰晤士河贯穿家里的入口大厅（也许有泰晤士河的运动队漂浮在上面），两边站着原始部落的人；
- 罗马士兵在你的客厅周围狂欢；
- 穿着天使袜子的盎格鲁·撒克逊在你的厨房烹饪；
- 戴着头盔的凶猛维京人沿着你的楼梯骑自行车。

如果你把对瀑布的研究写成一篇论文，得到了老师的好评，并且你想要在考试时更好地呈现这篇论文，你可以把它整理成下列信息：

- 瀑布通常在河流早期的时候形成，此时渠道狭窄而深；
- 侵蚀在基岩缓慢发生，在下游时更快；
- 河流在瀑布的边缘迅速流动，造成漩涡；
- 由水携带的沙子和石头增加了侵蚀能力；
- 瀑布下面和后方可以形成洞穴。

你的记忆旅程可以发生在任何地方，只要它能帮你记住上述信息。你可以利用去年夏天住过的酒店，在酒店前面放一个大瀑布提醒自己要记忆的主题。然后展开想象：

- 走进大堂，看到一个婴儿（提醒你早期的河流）躺在狭窄的深水湾里。
- 前往接待处，注意到它正在被侵蚀，接待桌上摆着模型床（床的英文单词"bed"与基岩的英文单词"bedrock"相似），床头被侵蚀得慢，床尾（下游）侵蚀得快。
- 走过长满树篱（树篱英文单词是"hedge"，与边缘英文单词"edge"相似）的衣帽间，你可以看到水在里面形成了漩涡。
- 等待电梯时，发现电梯里满是沙石，地板几乎全部被腐蚀。
- 站在一楼，看到这里形成了一个黑暗的洞穴，然后站在入口下面，拍摄洞穴的照片。

细节

上述技巧可以帮你灵活地学习各门学科。旅程记忆法会帮你记住关键想法和相关细节，它所塑造的场景涵盖主要话题和观点，故事事实和序列信息，能够极大地促进你的学习效率。在本书后面的章节，你还将学习更多关于数字、日期、价格和公式（参见第 11 章和第 15 章）的学习方法。现在，你可以思考需要学习的信息，在你的学习材料中，哪些细节最为重要、对你的学习影响最大？想象自己利用上述方式将它们存储在大脑中，然后随时随地能想起来并加以运用。

SQ3R

本章探讨的策略是 SQ3R 的扩充版本。SQ3R 是英语 Survey、Question、Read、Recite、Review 五个词的第一个字母，分别代表"浏览、提问、阅读、复述、复习"五个学习阶段。要知道，只有将关键的记忆技能运用到阅读当中，你的学习才有可能取得良好的结果。你现在已经了解到浏览、提问和阅读的重要性，思考一下为什么最后还要检查和巩固学习。事实上，复习是最重要的一个阶段，会帮你最全面地挖掘信息，为你提供一系列实用的工具，将你阅读的所有内容都转化为最令人难忘的信息。

写作

当你学会积极地阅读和记忆所学习的文章时，再思考自己要写的东西：论文、考试答案，甚至是给朋友和导师发的邮件。你是否可以通过清晰而难忘的方式进行写作，充分阐释你的想法，发挥最佳创意和想象力？你能否合理地组织你的想法，选择画面感很强的词语和句子，通过更多的方式吸引读者的注意力，促成他们记住你的写作内容？

有效阅读的实用小贴士

◎ **试着从作者的角度认识一本书。** 你认为他们想要实现什么目标？他们会向出版者提出什么建议？他们是如何研究和规划一本书的？这样做的原因是什么呢？你对一本书了解得越多，会有更深入的理解，更容易记住信息并学以致用。

◎ **在实际可行的情况下，你需要在阅读的材料中做记录。** 比如用铅笔画出关键信息，把便利贴夹在重要的页面中，以免下次翻阅时找不到。必要的时候可以添加色彩和图片突出重要信息。当你阅读"个性化"页面时，视觉记忆会格外强烈。

◎ **当你在大脑中创造代表关键信息的图片时，注意保持图片与页面上的信息的密切联系。** 在想象的场景中增加无数元素，而后问问自己，你都能看到什么东西以及它们分别意味着什么。

GO 现在要做的……

1. 不要只计划阅读内容，还要想清楚阅读方式。 思考哪种记忆技能对阅读帮助最大，继而采取最合适的学习方式。

2. 对于你读过的每一本书、杂志上的文章或网站文档，想象一幅图片来总结文本的主要目的或主旨内容。 当你把书遮住，在大脑中回想时，脑海中会出现什么画面以表示图书的主要内容，并反映出它在学习中的重要性？这种方式可以帮你思考自己从阅读中获得的东西，并与其他学习材料建立联系。

3. 阅读时应注意学习的质量，不要把理解和记住混为一谈。 定期测试自己，当你打开书阅读时，你或许会很好地理解它们，但是当你合上书时候，你还能记得这些信息吗？如果你无法激活记忆策略，休息一下，等到大脑充满活力的时候再学习。

HOW to Improve Your Memory for Study

第 11 章

倾听学习法

作为学习者，大量重要的信息会通过耳朵进入你的大脑。当你日常上课、与导师和朋友交谈，甚至看电视和收听广播的时候，倾听能力会对学习产生重大影响。记住听到的全部信息是一项艰难挑战，但你可以采取多种方式提高自己的成功率。本章要阐述的正是如何提高你的听力技能，收集更多有用的信息，记住它们并信心满满地进行应用。

通过本章，你可以了解：

- 倾听学习法面临的困难；
- 从课堂中记住更多信息的方法；
- 数字记忆系统；
- 数字如何加强你的听觉记忆；
- 在学习材料中运用记忆技能；
- 提醒自己记住听到的名字。

● 听觉学习的困难

你可以通过倾听学到很多东西，但这是一种充满挑战的学习方式。有一些人更倾向于听觉学习，喜欢听教程而不是阅读它们，更愿意学习有声读物而非打印文本。听觉学习者可以在日常学习中发挥天赋，不过，就算我们不是天生的听觉学习者，也可以通过有效的策略加强听觉记忆，即使在这个过程中可能会遇到一些特殊挑战。

你在阅读时可以自己把握节奏，但在倾听时需要顺应别人的节奏。通常情况下，你只有一次倾听他们讲话并记住重要内容的机会。在上课或小组讨论时，有时候，你集中了精力，但也有时候，你压根就没有做好倾听的准备，也没有任何记录工具，手头上可能还做着别的事，完全无法记忆信息。在阅读时，你可以通过把握页面布局，进行多次阅读，画出关键段落等方式帮助自己记忆内容。但是当你倾听时，学习过程会变得不太可控，经常出现左耳进、右耳出的情况。

❓ 通过倾听学习

你目前有多少知识需要通过倾听学习？你的听觉学习能力强吗？思考哪些情况下明显要用到倾听学习法，以及哪些考试会检验你的听力技能。

- 哪些情况下，你更容易通过倾听学习和记忆，哪些情况则困难重重？
- 在你试图通过倾听学习时，哪些因素会帮助你捕捉、收集并记住信息？

> - 你的倾听学习遇到困难（比如遗漏了关键细节或是走神）的主要原因是什么？
>
>   思考一下，如果你能记住更多听到的东西，哪方面的学习会受益最多。准备好充分利用这方面的才能，加强倾听策略。

● SQ3R

SQ3R 不但适应于阅读，对倾听学习也很有帮助，因此你可以继续使用第 10 章中学习的思维和技能。

- 调查你现有的知识，并对自己听到的内容有一个总体的了解。
- 不断提问总是有助于加强记忆力。
- 与书面阅读不同，倾听需要你在心里默读听到的内容，尽可能充分吸收和理解，成为一名主动倾听者。
- 然后看看你能回想起多少内容，检测自己的学习质量，加深记忆。
- 最后，复习学过的内容，思考学到的知识对你有何帮助，你采取了什么方式掌握这些知识。

在最后一章中，我们讲述了如何令记忆策略成为整个学习过程的核心，而学会使用倾听策略的重要性丝毫不亚于它。

● 听课

无论学习什么科目，听课都是学习的重要组成部分。它们会提供关键信息、最新见解，以及观看演示和阐述观点的宝贵机会。对于某些学科，听课是整个课程的核心，你必须按时出勤。

合理利用课堂时间，老师会在课堂上为你提供丰富的信息来源，让你有机会思考，并通过笔记和回答探索知识。

✓ 走神

听课的一大挑战是你的思维可能比老师的讲课速度还快。这样很容易使你思考其他事情，在课堂中分心。当你不需要做笔记时，尤其容易发生这种情况。单纯听老师讲课确实太过被动，很可能会使你走神。所以，要养成习惯，对所有听到的事情做出反应，下意识地回应每一个新知识点。记住关于自己的事情总是很容易，所以在倾听时你可以默默地问自己是否要学习新知识，你的个人观点是什么，你的想法会如何影响学习结果。看看你是否能够预测老师将要谈论的内容。思考老师的讲课结构，假想自己站在讲台上，想象你可能尝试的讲课方式。使用多余的"思考空间"与你所听到的内容互动，并利用自己的反应记住信息。

假如你在课堂上学到很多知识，那么课后再从笔记中复习一遍，会更有效地记住信息。

如果你在课堂上的状态不好，听课无异于浪费时间。一旦你无法记住太多内容，留下的笔记很少，将来更没有什么机会去应用所学内容，还不如在家里待着。

为了充分利用课堂时间，你需要提前做好预习工作，在听课的时候充分利用记忆技能，实现高效学习。

课前准备工作

- 搜集任课老师的资料。了解他们在所授学科上的成就，利用其头衔、专业知识或经验提高你的学习动力，迫使自己重视他们的讲课内容。如果你了解到他是一个糟糕的沟通者，那么你就要提前制定好合适的学习策略。
- 确保自己了解老师的讲课主题和大致内容。提前做一些调查会很有帮助，能够使你在课堂上听到熟悉的内容并自动记住它们，同时为新知识提供一些背景信息或知识框架。要把注意力放在新鲜的东西上，激发好奇心，大胆地提出疑问。
- 思考某一堂课的学习要求和找寻课堂学习合适的记忆策略。你在课堂上学到了什么内容？是宏观主题和主要观点，解释或展示的具体信息，还是重要的事实和数字？你在课上需要做笔记，还是直接从讲义、教科书和网上资料中获取详细信息？你能当堂学会多少知识，有多少是在课上记录下来然后在课后记住的？

在课堂上

- 检查自己是否能正常听进去课。如果不能，找出问题并加以解决，否则坐在教室里还有什么意义？让自己进入舒服的上课状态，准备好学习设备，认真倾听、学习和记忆。
- 做笔记会帮助你集中注意力，思考听到的内容并记在大脑里。除了记录上课听到的内容，你还应记下你的想法。在笔记中使用不同的颜色，添加图片，可以适当改变风格。利用你了解的记忆知识，制作简单、清晰和条理清楚的笔记，同时还要尽量让笔记生动形象，充满想象力和创造力。
- 加强图形思维，采用最佳方式将你听到的内容形象化，并启动记忆过程。

- 大脑中想象的图形可能会自然形成一个记忆情景（见第7章），尝试将关键想法和额外的细节都储存下来。
- 有时候，你可以用想到的图形讲故事（见第8章）。比如说，你的老师谈论通货膨胀时，你想到一个气球；讲到财富时，你可能想到一个非常有钱的人挂在气球上并随气球飞起来；说到贷款时，你可能想到来自当地银行的贷办协调人站在气球底下朝空中大喊。
- 旅程记忆法也可以有效地应用到课堂学习中。你可以通过建筑物和路线构造思维框架（见第9章）。在上课之前，旅程框架里没有任何东西，你可以为其添加丰富的图形和元素，提醒自己听到的重要知识，包括主要观点和具体细节。在关于莎士比亚戏剧的课堂上，你可以想象自己站在房子外面的环行道上（环球剧场），那里浓烟滚滚（第一家环形剧场被大火烧毁），然后走到信箱前，发现里面满是男人的照片（莎士比亚所在的年代只有男演员），最后走到路边的橡树旁，灯光闪烁，烟花绽放，绚丽多彩（特殊效果被广泛用于莎士比亚戏剧当中）。

课后

- 回家后，你需要回顾自己的笔记，检查自己是否还能理解它们。
- 思考如何让笔记起作用。也许只是保持原样，在下节课前再简单回顾一下，或是写一篇拓展文章，或者利用笔记做更多的调研，或者在期末备考前再次阅读。
- 将讲义或复印的文档贴在笔记本上，并妥善保存。
- 还要及时巩固自己的思维笔记，包括你创造的图形、情景、故事和旅程。最好在下课之后将你的想法添加到笔记本上，以便在未来进行研究和强化。
- 采取合适的方式巩固内容：写一篇文章，参与小组讨论，甚至只是向朋友复述上课内容。花几分钟告诉自己学到了什么，回顾你的想法，用故事和旅程来回想信息，并进行归类梳理。

● 数字记忆

无论你选择什么课程，都会和数字打交道，包括日期、价格和公式等。你经常会听到数字信息，却很难真正记住它们。你可以在大脑中临时创造数字图形，或是使用有着几百年历史的数字记忆体系。本书将在最后一章中介绍两种专业数字记忆策略，不过下面的两种方法更易使用。它们是"人造记忆"的典型例子，旨在将抽象信息变成另一种更难忘的形式，然后在需要时再将其恢复到初始状态。

"数字韵律"系统法

你只需根据数字的发音韵律为每个数字（从 0 到 10）分配一个图形。每次出现这个数字时，你都可以直接联想到固定的基本图形来节省时间。你可以充分发挥想象，将联想的图片与数字的真正含义联系起来。所以，如果你的讲师告诉你世界上有 70 亿人，你可以想象湿地上站满人的画面（用湿地代表 10 亿）；一份广播报道说，Facebook 的创始人马克·扎克伯格（Mark Zuckerberg）出生于 1984 年，你可以想象他和你的阿姨、舅舅、爸爸在厮打；如果你的导师提到了木星的 63 颗卫星，你可以用溜冰和伞表示这些信息，想象自己在木星的卫星上溜冰，然后又突然下起雨来，于是你撑开了雨伞。

这里列出了一些数字韵律的常用例子，但如果你有更好的想法，也可以进行更改和调整：

0　铃铛；

1　姨；

2　儿子；

3　伞；

4　撕扯；

5　雾；

6　溜冰；

7　棋子；

8　爸爸；

9　舅舅；

10　石头。

"数字形状"系统法

这种方法是利用预先准备好的数字形状进行记忆。通过广受欢迎的数字形状法，你可以轻易记住代表某条信息的关键图形。你也可以不断拓展，增加图形多样性，扩充你的记忆发明库。

这里有一些数字形状的常见例子：

0　看起来像一个球；

1　与铅笔形状相同；

2　可能是天鹅；

3　侧面像山丘；

4　看起来像一艘帆船；

5　可能是一个钩子；

6 像一个向前倾斜的大炮；

7 可以是一盏灯；

8 看起来像一个雪人；

9 可能会让你想起棒棒糖；

10 可以看成鼓和鼓槌。

如果你要记住罗马大帝恺撒（Julius Caesar）在公元 55 年入侵了不列颠岛，你可以想象两个钩子分别挂在他的肩膀上，将他吊到大不列颠。

当你在课堂上听到今年美国的军费预算上升了 4%，你可能会想到所有的士兵、坦克和枪支位于一艘帆船的甲板上。

你的老师告诉你，绝对零度相当于 -273℃，你可以想象一只天鹅闪闪发光，站在小山上，想弄清楚为什么草地结冰，害得它吃不到草叶……

自己尝试一下，看看怎么利用上述方法记住下列数字：

- 第一次飞机飞行的日期：1903 年；
- 明天的演讲时间：9：45；
- 非洲主权国家的数量：54。

加强练习会帮你熟悉数字图形，同时你也可以拓展图形。比如说，可以把 0 从一个球拓展成各类运动；代表 1 的铅笔也可以变成钢笔、画笔、一张纸和一瓶墨水等文具；3 可以表示农村的很多东西；4 可以是与大海相关的人、事件、行为和描述词等。初始的数字图形可以拓展成一系列用于记忆的相关图形。

一台新笔记本电脑的价格为487英镑，你可以想象一个水手（4）在掷雪球（8），他站在灯柱旁（7）；或是一艘潜艇（4）撞击冰山（8），旁边有一座灯塔（7）；或装满水的（4）冷藏室里（8）漂着火柴（7）。

圆周率的前十位数字是3.141592653。这可能是一个登山爱好者（3），快乐地用铅笔画一幅（1）海景（4），然后画了（1）起重机（5），突然他的棒棒糖（9）从嘴里掉出来，被鹰吃掉（2），这时老鹰嘴里衔着的枪（6）掉了出来。这位登山爱好者用钩子（5）在长满草的山坡上（3）搜寻……

自己尝试下列练习：

- 沃森和克里克制作的DNA双螺旋结构：1953年；
- 国王詹姆斯所拥有的《圣经》数量：66本；
- 大象的妊娠期：22个月。

✓ 通过数字学习

上述两种方法除了可以记住重要的数字，还能用来记忆清单。你可以为每个项目标上数字，并将其与合适的图形联系在一起，这是记忆清单的有效方式。

下面是维生素C的六种来源，包括黑加仑、红辣椒、香菜、橙子、花椰菜和菠菜，你可以利用前六个数字的发音想象出相关图形，使用数字或韵律系统进行记忆：

1（倚靠）：黑加仑，许多串黑加仑（与葡萄相似）倚靠在一起；

2（耳朵）：红辣椒，红辣椒挂在耳朵上当作耳坠；

3（伞）：香菜，香菜在伞下生长；

4（丝）：橙子，橙子被切成丝状；

5（舞）：花椰菜，女孩穿着花椰菜形状的裙子，在台上翩翩起舞；

6（流浪）：菠菜，一只名叫"菠菜"的流浪猫。

如果你的老师告诉你，前五节课的主题分别是营养、锻炼、运动心理学、运动着装和技术物理疗法，你可以使用数字或形状系统进行记忆。

1：营养，咀嚼世界上最有营养的铅笔；

2：锻炼，与天鹅一起进行循环训练；

3：运动心理学，躺在山上接受催眠；

4：运动着装，身穿最新款的划船服；

5：技术理疗，用钩子代替受伤的手。

自己尝试下面的主题：

6. 冲刺；

7. 游泳；

8. 高尔夫；

9. 篮球；

10. 曲棍球。

总结自己是如何轻松地将运动与数字联结起来，并按照完美的顺序记住它们的。

● 小组交流课

小组讨论是提高记忆和展示记忆技能的绝佳机会。要充分利用这样的机会。

- 尽可能抓住每一个机会和与你持不同意见的同学交谈。检查自己是否能真正记住一个主题，多快能够形成一个强有力的论点；同时你需要认真听取其他同学的意见，看看是否有必要调整或改变自己的观点。与往常一样，用图形在大脑中表示出要讨论的核心观点，然后在笔记上写下具体细节。
- 你可以轻易扩展和改变大脑中的图形以反映最新的信息和想法。如果你在讨论课上意识到"亨利八世"并不像你想的那样强势，你可以回到当时创造的记忆场景中，添加一些新的细节，比如发现他住的宫殿里出现裂缝或放大他衣服中的污垢。
- 有条理地组织你的想法，同时尽量使用描述性词语、比喻和故事。尽一切可能让小组中的其他成员也进行图形思考，并通过有趣的创意保持他们的注意力，激发他们的好奇心。

● 名字和面孔

在小组讨论课上，如果你用自己的记忆技能很容易就能记住其他成员的名字，这无疑会给别人留下好印象，使你们的整个讨论过程更加顺利，你的自信心也会得到增强。这是一种实用的技能，不仅适用于社交场合，在各门学科的学习中同样有用。

- 当你和某人初次见面时，先要保证自己能听清他的名字，这是记住名字的前提。
- 重复说出他的名字（比如回复"很高兴认识你，Shaun 肖恩"），并仔细琢磨这个名字：它是如何拼写的，是什么意思，属于哪个国家的名字？
- 在大脑中检查记住的名字。你可以想象这个人的签名会是什么样子的。

- 根据名字创建图形线索，根据拥有相同名字的名人，或者名字的拼写与发音，在大脑中建立联系。Helen（海伦）也许会使你想到hell（地狱），贝克汉姆小姐可能会让你想起足球，麦克亚瑟先生或许会让你想到手拿麦克风的亚瑟王。
- 将你想到的图形与真人建立联系。比如说，想象海伦长出魔鬼般的触角伸入地中直达地狱；贝克汉姆头顶一个球，或者麦克亚瑟先生从石头上拔出一把剑，把麦克风劈成两半。
- 利用图形信息记住新朋友的名字和面容。你可以在大脑中创建丰富的情景以提供更多有用的细节。比如，海伦在查看一个地图，以找到通往地狱的路。对同学了解得越多，越能够充分利用他们的专长改善你们之间的沟通，并给他们另一个记住你的理由！

媒体记忆

　　随时准备从电视、电影和广播中收集有用的信息，最好是与学习相关的内容或是通用知识，能够不断丰富你的知识储备，加强理解能力。你对记忆力训练得越多，思维就会越敏捷，注意力就会越强，也更容易把某些有用的想法变成令人难忘的图形，从而固定在大脑中。可以将创造的图片与你听到信息时所处的位置建立联系，在大脑中想象出不同地方的明信片，将它们覆盖在你听到信息时坐的车上。当你回到办公桌前，拿出笔记本时，将思绪倒回，你会很容易想起自己创造的明信片以及当时听到的信息。

提高听力技巧的实用小贴士

◎ **不管听到什么内容，尽量用图形思考，在大脑中将关键话题形象化。**不管是在课堂上听课，还是在听收音机，都尽量让图形浮现在你眼前。

◎ **使用记忆技能学习课堂上的重点。**它会帮助你组织思维，找出重点，加强理解。同时，随着学习的不断深入，记忆技能也会帮你在思维导图的基础上增加更多的细节，加强记忆，丰富信息。

◎ **当你正在和刚认识的人聊天时，重复他们的名字。**试着想象这个人低声念出、大声唱出或喊出自己名字的声音，尝试在大脑里重复自己构思到的声音，加强记忆。

现在要做的事……

1. 下次在倾听一系列信息进行学习时，请对信息进行编号。将每个数字转变成一张图片，然后将每张图片与列表中的相应想法联系到一起。

2. 使用记忆路线来保存下一节课的内容。当你听到并认同别人的想法时，改变大脑中的图形；如果你仍坚持自己的想法，再次回想图形以加强记忆。

3. 每次看电视节目，收听新闻，或者和朋友谈话时，尝试记住对你的学习有帮助的信息，无论是事实、意见、问题还是经验。把它转换成清晰的图形，确保你能在短期内记住它，之后进行更深入的探索，将其添加到长时记忆库中，以备后用。

第五部分

How to Improve Your Memory for Study

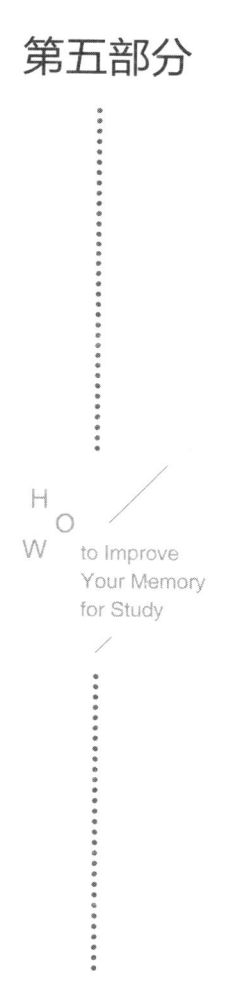

身体、环境与记忆的关系

HOW to Improve Your Memory for Study

第 12 章

保持身体健康

　　身体健康可能会对你的精神状态产生重大的影响,尤其会关系到你的记忆力水平。作为一名学生,想要让大脑有效工作,你必须维持合理的饮食,适当锻炼身体,保持良好的睡眠,当然,这难度很大。本章提供了实用的建议帮你实现平衡健康的生活方式,概述了保持身体健康的要求,并讲述了如何调整自己的生活方式才能最大限度地提高记忆力,实现学业成功。

　　通过本章,你可以了解:
- 身体健康与记忆力的关系;
- 什么样的饮食方式有助于学习;
- 增强大脑思维的物质和补品;
- 不利于记忆的因素;
- 锻炼身体的好处;
- 通过改善睡眠来增强记忆力。

● 感觉良好

当你感觉健康快乐的时候，你的记忆效果会更好。道理十分简单，因为在这种状况下，你不会被糟糕的身体拖累，能够保持思维敏捷，精力充沛，注意力集中，逻辑清晰，头脑清醒。在这种情况下，你可以掌控学习过程，保持组织性和战略性，同时利用创造力、幽默感和热情让学习充满乐趣，实现绝佳的学习效果。

影响情绪的因素有很多。你很难控制所有的因素，但你可以尽一切可能来保持身体健康和精神愉悦，发挥大脑的最佳潜能。正如罗马作家尤维纳利斯（Juvenal）所说："健全的精神寓于健全的身体。"要想有一个健康的大脑，你首先要拥有强健的体魄。

● 饮食方式

在你的一生中，饮食时时刻刻都在对记忆力产生影响。到目前为止，你的饮食习惯已经对大脑的发展与成熟产生了直接影响，同时还在影响着你的大脑使用方式和思维能力。因此，合理饮食有助于你的整体健康状况，有助于你发挥大脑的最佳潜能，提高思维能力和学习质量。

最好的建议是均衡饮食，多吃各种各样的优质营养食品，越天然越好。保持健康的身体和愉快的心情能大大提高你的记忆力，而合理的饮食可以确保大脑获得所需要的关键营养。事实上，人们也一直在倡导对提高记忆有帮助的健康均衡的饮食。

第 12 章　保持身体健康

你的饮食习惯塑造了你

思考自己平日里的饮食质量，要同时考虑最好和最差的情况。在学生生活中，保持健康的饮食并不容易，因此当你做到饮食均衡时，一定不要忘记给自己一些肯定和鼓励；吃饭不规律、食用垃圾食品时也要记得反思自己，思考不同的习惯给你带来的不同影响。饮食规律时，你注意到自己的头发、皮肤、指甲和体能有什么不同吗？更重要的是，它对你的学习发挥积极作用了吗？

食物类别

均衡饮食是指按照正确的比例进食，这里所说的食物没有好坏之分，饮食平衡也不只局限于你的一日三餐。每一顿饭都是监督自己饮食是否健康合理的良好机会，以便养成规律的饮食习惯。一般而言，营养均衡的餐食由以下三部分组成：三分之一为淀粉类碳水化合物，比如面食、大米和土豆；三分之一为水果和蔬菜；三分之一为乳制品和高蛋白食物，比如肉类、鱼类、豆腐、豆类，同时还要有适量的含糖和高脂肪食物。

早餐

你的体能与学习质量息息相关，而早餐会影响你在白天的思维能力。早餐可以为你提供长时间的能量，可一旦选择错误，也会让你饱受过多脂肪、盐和糖带来的负担，所以要认真安排自己的早餐。与含糖和脂肪量高的食物相比，燕麦和全谷物等缓释碳水化合物会让你精力充沛，思维敏捷。另外，研究证明，不吃早餐会对学习产生非常不利的影响！

● 补充记忆能量

前面提到过,要保持饮食均衡,摄入的碳水化合物应占到三分之一,糖和脂肪含量较高的食物只需适当补充就好,但我们在现实生活中往往会摄入过多的糖和脂肪。想要提高记忆力,保证学习质量,你需要认真对待饮食。当你需要在短时间内迅速补充能量时,比如在饥饿的深夜或忙碌后的周末,吃一根巧克力棒或喝一罐含糖饮料会让你的大脑暂时精力充沛,不过血液中突然增加的糖分会破坏你的注意力,扰乱思维,使你陷入思维僵化和混乱的负面循环中。想打破这个循环,你要找出哪些食物能为你提供长时间的能量,哪些食物能短时间内提高你的精力,同时使你思维敏捷,积极学习,充分利用大脑。

> **血糖生成指数**
>
> 血糖生成指数(Glycemic Index,GI),是反映食物引起人体血糖升高程度的指标,是人体进食后机体血糖生成的应答状况。一般来说,食物的 GI 分数越低,所含能量的可持续性就越高,会帮你保持思维敏捷,利用记忆技能完成脑力工作。因此,你需要多选择低 GI 的食物,少吃高 GI 的食物,比如,用粥代替冷冻燕麦,全麦面包代替精粉面包,糙米代替土豆泥。

● 脂肪

脂肪在错综复杂的大脑结构中起到了重要的作用,它能对你的记忆力产生一定影响。脂肪的作用包括提供能量储备,为神经细胞增加绝缘层,建立传导连接以及在大脑周围传播信息。它们在制造神经递质方面作用重大，而神经递质则是促进神经元彼此交流的化学信使。

要想获得良好的营养，你必须保持均衡饮食，脂肪的摄入尤其关键。大脑有两种必需脂肪酸，欧米伽-3 与欧米伽-6。对于大多数人来说，欧米伽-6 很容易通过植物油获取，但要获得足够的欧米伽-3 则较为困难，不过你可以选择从多脂鱼或亚麻籽中获得。欧米伽-3 脂肪酸有助于思考和学习，会提高你的思维速度，丰富大脑中的知识联系。同时，它还能减少你的焦虑和愤怒等不利于记忆的负面情绪。

● 有利于记忆的因素

在健康均衡的饮食中，一些物质对你的记忆特别重要。制订相关计划，调整食材、烹饪方式和饮食习惯，将下面列出的所有东西加入你的日常饮食中。

> **"喂饱"记忆**
> 在阅读下列信息时，思考你的日常饮食里是否摄入了足够的营养。不够的话，可以考虑购买营养片剂或补品，以确保大脑获得必要的营养补充。

氨基酸

你吃过的许多食物中都富含氨基酸，在被吸收后，这些氨基酸会参与制造重要的神经递质的过程。比如说，鸡蛋、豌豆、桃子和牛油果中含有的左旋谷酰胺会形成神经递质伽马氨基丁酸

（GABA），帮你保持冷静，而冷静的头脑对你的学习过程和记忆力至关重要。此外，牛奶、大豆、杏仁和火鸡中富含的左旋色氨酸有助于制造血清素，能够改善情绪，对抗抑郁，同时也是重要的记忆力增强剂。

胆碱

乙酰胆碱是另一种类型的神经递质（见第4章），在记忆中起着特别关键的作用。随着年龄的增长，人体内的乙酰胆碱会逐渐减少，严重不足时可能会引起老年痴呆。因此要保证你的饮食中含有足够的胆碱，然后再将其转化为大脑中的乙酰胆碱。鱼、蛋黄和大豆都是富含胆碱的食物。

● 维生素和矿物质

复合维生素B对你的身体状况十分重要，尤其关乎脑健康：

维生素 B_1：帮助你集中注意力。常见来源：豆类和谷物；

维生素 B_3：促进神经冲动。常见来源：牛奶和肝脏；

维生素 B_5：有助于制造能够在血液中输送氧气的红细胞。常见来源：全谷物、豆类和鱼类；

维生素 B_6：减少烦躁，提高思维敏捷度。常见来源：香蕉、坚果、金枪鱼、菜花和鸡蛋；

维生素 B_9：帮助大脑获得良好的氧气供应，促进化学反应。常见来源：橘子、豌豆、西兰花、糙米和鹰嘴豆；

维生素 B_{12}：有助于神经元末端保护性物质形成。常见来源：肉、奶酪、鸡蛋和鱼；

抗氧化维生素 A、C 和 E 能够改善记忆，可以清理损害脑细胞的自由基：

维生素 A：有助于保护脑细胞膜免受损害。常见来源：鱼、蛋黄和绿叶蔬菜；

维生素 C：参与神经递质的制造过程。常见来源：橘子、猕猴桃、花椰菜和西兰花；

维生素 E：保护细胞膜，保持神经元健康。常见来源：牛奶、鸡蛋、坚果、橄榄油和葵花籽。

一些矿物质对你的记忆也有很大影响：

铁：有助于集中精力。常见来源：鱼、红肉、绿色蔬菜和豆类；

钙：加强脑细胞的连接性，提高注意力。常见来源：奶制品、豆腐和绿色蔬菜；

锌：有助于控制神经元之间的交流。常见来源：肉、鱼、大豆和全麦面包。

药剂支持

数千年来，人们在不断寻求自然中的记忆补品。银杏和人参就是著名的大脑补品。

中国的银杏树是地球上最古老的物种之一。5000 年来，银杏叶一直被用来改善大脑功能，特别是提高记忆力。有研究发现，银杏中的化合物会导致毛细血管和小血管膨胀，促进血液在大脑中循环。

> 人参是另一种有益于思考和学习的药草，在美国和亚洲都广受欢迎。许多食用人参的人声称，人参能改善他们的情绪，有助于提高思维能力和记忆力。人参还能增强体能，减轻压力，对学生有特别的吸引力。
>
> 要注意的是，这两种补品在与其他药物同时使用时，可能会产生不良反应。如果你正在考虑对饮食进行重大调整，最好先与医生交流。

● 不利于记忆的物质

除了多吃有助于记忆的食物，还要避免有损记忆的东西。有些食物可能会带给你愉快的体验，让你更好地享受生活，但你需要权衡它们对学习带来的负面影响。我们在上文强调过，关键是要保持平衡，因此你要特别警惕下列物质。

盐

盐与许多健康问题都有或多或少的联系，包括心脏病和高血压。如果你的饮食中含有过多的盐分，会减少甚至耗尽体内的钾，导致焦虑和注意力不集中，继而影响记忆。

咖啡因

有时候，这种强大的兴奋剂似乎会加强你的注意力。研究表明，在某些情况下，咖啡因能够促进短时记忆，特别适合针对性较强的学习任务，但咖啡因也会降低思维能力和学习的整体质量。众所周知，腺苷可以帮助你放松和入睡，而腺苷降低会引起肾上腺素水平升高，导致分心，引发紧张情绪，不利于记忆。很不巧，咖啡因的过量摄入会减少腺苷与受体的结合。

酒精

酒精对大脑的影响是复杂的。它可以快速改变大脑的化学反应，一方面带来放松、愉快的情绪，提高自信，另一方面会导致焦虑、抑郁以及潜在的长期脑损伤。记忆对酒精特别敏感，有太多的学生了解酒精的危害。它可以扰乱睡眠，降低动力，妨碍决策，导致注意力不集中。因此，你要平衡好酒精带给你的乐趣，认真考量它在社交生活中的作用和它对学习的危害。

> **药物**
>
> 药物会很快改变大脑中微妙的化学平衡。有些处方药可以减轻身体疼痛，改善情绪状态，帮助你更好地学习，但许多药物也会产生一系列损害记忆的副作用。因此，你在选择药物时要保持警惕，多和医生交流。事实上，所有的药物都需要谨慎对待，即便是非处方药。药物不仅存在导致长期脑损伤的风险，还会改变你的精神状态，影响短时记忆的能力。

● 注意锻炼和放松

越来越多的研究表明，体育锻炼与思维状态之间存在关系。运动是健康生活方式的关键组成部分，会带给你更好的精神状态，促使你积极学习。身体健康有助于为大脑提供所需的物质，使其良好运转。有氧运动是一个很好的选择，它会提高机体耗氧量，增强大脑活力。

另一方面，放松和睡眠会减缓压力，消除疲劳感。适当的运动和高质量的休息都是良好生活方式的重要组成部分，你的记忆力和学习会因此得到长足进步。

> **自我检查时间**
>
> 　　不要让轻微的健康问题或对健康的忧虑阻碍你的学习。注意力是影响记忆的重要因素，任何容易使你分心的因素都应得到重视和及时解决。你需要充分利用所有的养生建议和治疗方法，来让自己处于最佳的学习状态中。
>
> 　　你平时注重锻炼吗？跑步、游泳和跳舞等有氧运动会帮助心脏将氧气输送到大脑，有氧运动还会改善你的心情，释放能够增加信心和动力的化学物质，使你有更好的表现。学生时期一般比较忙碌，还要遵守各种规定，但你仍要抓住一切可能的机会去锻炼自己的体魄。选择自己喜欢的活动并找到最适合的，不过这里并不建议你为此花费大量金钱和时间。想一想，你是否可以增加每周的步行时间？是不是能够用健身用品代替游戏机？是不是能够通过锻炼扩大自己的朋友圈，不断尝试新的东西，活得更健康，更快乐，最终增强记忆力和学习质量？
>
> 　　努力学习，积极利用记忆技能，锻炼身体，同时要保证高质量的休息。休息是学生生活的另一项挑战，足够的放松和睡眠对于提高学习质量和学习成绩至关重要。

● 睡眠

不同的人所需的睡眠量不同。对于一些人来说，睡眠少于八小时会对一整天的快乐感和思维敏捷度产生很大的负面影响；而对于另外一些人来说，超过六小时的睡眠就会令其感到厌倦。也许你必须进行短暂的午睡才能保持良好的精神状态，也许你更倾向于只在晚上入睡，这一切都因人而异，因生活方式而异。另外，疾病、压力或忧虑也会阻止我们入眠，对我们的睡眠时间和生活产生负面影响。我们要学会找到适合自己的睡眠量，然后努力获得高质量的规律性睡眠。这样才能提升我们的身体健康、精神健康以及学习能力。

一直以来，关于睡眠和记忆之间关系的研究源源不断。大脑的思维联系可以在睡眠中得到重塑，由于幼儿的神经网络中充满了丰富新颖的联系，他们比老年人需要更多的睡眠。许多实验都揭示了睡眠在巩固学习中的作用，尤其有助于技能学习，充足的睡眠可以保护学到的新知识不受潜在信息的干扰。

睡眠调查

你如何评价自己目前的睡眠质量？

- 你认为自己的睡眠量合适吗？
- 在夜间感到疲倦很正常，但你在白天是否也会感到疲劳？
- 思考某个特定星期的睡眠模式。你是否存在睡眠不足的情况？思考其中的原因：有太多的事情要做？自己需要熬夜？想要和别人的入睡时间保持一致？还是想睡却睡不着？
- 当没有得到必要的休息时，你是会寻找机会补觉，还是任凭疲倦不断累积？
- 你有没有注意到睡眠对记忆的影响？

> - 思考自己身体状况和学习状态良好时的睡眠情况，以及因睡眠不好导致学习效率低下的情况。根据个人经验决定最适合自己的睡眠模式，并仔细考虑你可以采取哪些措施实现高质量的睡眠，保证学习效率。

为了得到良好的睡眠，巩固学习，不断刷新记忆技能，以便以最佳状态进行第二天的学习，你需要做好以下事情。

- 做大量运动。但不要在睡眠之前做，否则会导致过度兴奋。
- 深夜吃饭过饱或吃太多不利于消化的零食，会让你产生胃胀的感觉，甚至会导致胃灼热。
- 注意含有酪胺的食物（如培根、奶酪、坚果和酱油），它们能释放去甲肾上腺素，刺激大脑。
- 不要在睡前喝含糖和咖啡因的刺激性饮料。
- 实在饿了的话，可以尝试富含色氨酸的食物和碳水化合物，这些食物一般有助于放松和入眠，包括火鸡、花生酱三明治、一碗低糖全麦粥。
- 钙也有助于改善睡眠，一杯温牛奶可能是完美的睡前饮品。
- 过量的酒精会让你不安，容易使你在半夜醒来如厕，还能增大你的打鼾声，从而限制呼吸，减少氧气进入你的大脑。
- 改善你的睡眠环境，尽量选择冷色调的室内装饰，温度大约保持在18℃左右，同时要保证睡眠时减少光线，保持通风。
- 按时上床，按时起床。即使有时会由于某些原因产生变动，你仍要尽最大努力维持生物钟。
- 注意放松，尝试一些简单的呼吸练习。用腹部而非胸部呼吸，用鼻子吸气三秒钟，然后呼气，暂停三秒后再开始吸气，重点是保持稳定呼吸，实现最佳放松效果。
- 如果你仍然很难入睡，也别太担心。即使是四个小时也能让你享受睡眠的诸多好处，要专注于放松而不是逼迫自己入眠。实在不行，也可以起床做一些容易使你冷静下来的事情，直到你准备好再次尝试入睡。

放轻松

如果压力阻碍了你的睡眠，或者影响到你的学习，一个有用的策略是转移压力，运用简单的逆向心理学帮助你解决这一问题。你可以不再去想那些让你感到压力的事情，当然你很难什么都不去想，转移注意力是效果惊人的方法，会帮你暂时忘掉引起你担心的事情。你的记忆技能可以帮你运用这一方法。尝试放下压力和忧愁，想象自己躺在荒岛温暖的沙滩上，或者来到豪华的热带水疗中心，在无边无际的游泳池中玩水……想象具体细节、彼时的感官体验和情绪，让你的大脑沉浸在更快乐、积极和放松的状态当中。

保持健康和获得幸福感的实用小贴士

◎ **多喝水。**大脑成分中含有75%的水，脱水会对思维和记忆产生极大的负面影响。每天喝充足的水会避免头痛和困倦，有利于思维敏捷和注意力集中。

◎ **通过简单的方法坚持每天锻炼。**尽量走楼梯，少坐电梯。提前几站下车，步行到达目的地。经常锻炼能促进血液循环，改善心情，给你更多的思考时间。

◎ 找出一项令你放松的睡前活动，比如洗个澡，听音乐或者阅读等，尽可能保持规律。即使是每天花较长的时间刷牙，也可以帮你进入夜间状态，助你入眠。

GO 现在要做的……

1. 坚持写几周的饮食日记，你可能会对自己吃下去的食物感到吃惊。仔细思考你饮食平衡面临的问题，寻找对记忆有利而你又摄入不足的物质，加大此类物质的摄入量，看看自己是否有简单的变化，是否拥有更好的精神状态和身体状态。

2. 挑战自己，进行一项新型运动，可以是适合你的高耗能运动，也可以是有利于学习的温和的运动。即使在一周内步行六到九英里[①]也会有益于大脑。

3. 区分睡眠和学习。在睡觉前，你能搬出卧室里的图书或学习设备吗？告诉自己晚上不要再考虑学习，这样第二天早上醒来时，你才会更有精力和动力开启新的学习旅程。

---

① 1 英里≈ 1.6093 千米。——译者注

HOW to Improve Your Memory for Study

第13章

营造记忆环境

记忆力对学习环境十分敏感。这一章要探索的内容是如何创建最佳的学习环境,以支持学习过程,促进记忆力。创建良好的学习环境会耗费很多时间,却能帮你记住更多的信息。通过本章的学习,你将学会如何利用学习环境来达到最大的记忆效果。

通过本章,你可以了解:

- 环境对记忆的影响;
- 选择最佳学习场所;
- 改善学习环境;
- 如何创建一个适合全脑学习的记忆环境;
- 战胜分心,助力学习;
- 利用学习场所发挥记忆潜能。

● 记忆之境

环境对你的学习能力影响很大。你的记忆会受到心情的影响（见第 4 章），而你所在的某个特殊位置会影响到个人情绪，影响因素包括照明情况、温度、通风情况、方便度和舒适度等。你需要建立属于自己的学习空间，让大脑在那里工作。注意保护好你的学习空间，以便它能继续支持你的学习过程，同时你要明智地利用它，将其看作记忆技能最重要的工具之一。

> **最喜欢的地方**
>
> 在思考自己的学习环境之前，想一下自己在什么样的环境中心情更好。你更喜欢室内还是室外？崭新的场所还是陈旧的地方？精心设计还是完全自然的环境？
>
> 你在哪些地方最为轻松快乐？
>
> 你在哪些地方能够努力工作，在哪里又会松懈懒散？
>
> 你在什么地方思维最敏捷，精神最专注，最有创意，最有动力？
>
> 你觉得哪些地方最容易使你分心、消沉甚至抑郁？
>
> 思考为什么不同的地方会带给你不同的感受以及思维方式。

● 你的学习空间

面对有限的学习空间，你需要尽最大努力找到一个合适的地方，然后不断改进，做出适当调整，直到它能最大程度地适用于你的记忆方式。在这个过程中，你可能会耗费一些时间、精力甚至是金钱,但一切都是值得的。学习空间不仅会影响你的学习感受以及记忆技能使用效果,还会成为你记忆的一部分,与你学到的一切有着千丝万缕的联系。

个人喜好

本章中的所有内容都取决于你:你的性格、学习风格、喜好和憎恶以及对学习空间的特殊需求等。许多伟大思想家的学习场所都拥有一些特质,比如附近有某些特殊物体,特别的声音或有助于思考的气味等。罗尔德·达尔(Roald Dall)的很多伟大想法来源于他的花园尽头的小棚子里,他喜欢把同一条毛毯搭在膝盖上思考。拜伦说,当他的猫在附近时,他会写得更好。爱因斯坦认为,某些地方的光线有助于思考,而日本最具创造力的发明家之一中松义郎(Yoshiro Nakamatsu)博士则声称,他最好的想法是在游泳池底部思考出来的。因此,你也需要找到适合自己的学习空间。

当前情况

思考自己目前在哪里的学习效率最高。也许你现在刚好坐在那里学习,没有的话,假想自己坐在那个地方,向四周观察一下,考虑它如何对你的学习产生影响。你只有在这个地方才能高效地运用记忆技能吗?你是从多个地方中选择了这里还是默认它是你的学习场地?这里的哪些因素可以帮助你学习,哪些方面不利于学习?你来到这里是为了更好地享受学习过程吗?

> **✓ 占领地盘**
>
> 学习或工作的地方需要成为你的专属空间，即使它只是房间的一角。理想情况下，它应该与其他房间相隔离，其他人都会默认它是你的学习"地盘"。如果现实条件不允许，你仍然需要将学习场地与其他地方划清界限。认真考虑如何个性化你的学习场地，明确你的"主权"。或许可以用自己的学习材料和设备构建学习空间？当你在这里学习的时候，你必须弄清楚自己所做的具体任务，明白它们不同于你在其他地方做的事。当你重点关注自己的学习场地时，你的记忆潜能会得到很大发挥。

● 完美环境

你需要现实理性地看待当前的学习环境，但这并不妨碍你以自信的态度对待它。使用下列清单来帮助自己充分利用学习环境，并做出必要的改进。

光线

要高效利用记忆技能，你得能看清学习材料，从而让自己长时间集中精力阅读，还要保证眼睛不会过度疲劳。尽可能在自然光线下学习，条件不允许的话，尝试使用不同类型的灯泡，并从中找到适合自己的类型。

通风

你能够采取什么具体措施来改善学习环境的空气质量？充足

的氧气供应有利于保持思维敏捷，集中注意力和充分发挥自己的记忆力。

温度

如果气温太高，你的大脑会感觉懈怠和困倦。温度太低的话，你身上的大部分能量会用于保暖。不适感会分散注意力，从而降低对学习的重视程度。找出适合自己的温度，以便在合适的学习时间内充分利用自己的记忆技能。

家具

国际象棋冠军通常会十分仔细地挑选比赛桌椅，他们深知不合适的姿势很难令其集中精力，使用记忆技能，也更难将注意力放在接下来的思维挑战中。这同样适用于你，因此你应尽最大努力整理房间物品。在学习时，你需要舒服地坐在课桌前，但也不能舒服过了头，要尽量保持呼吸绵长，使自己胜任长时间的学习任务，同时，家具也要满足你的学习需求。

● 全脑记忆"地带"

最佳学习环境可以激发左脑型思维和右脑型思维，而左右大脑的协力合作是创造记忆的重要法宝（见第3章）。

你的学习场地应该保持干净整洁，这有助于大脑的思维清晰，逻辑清楚（见第5章）。花时间整理你的东西，包括书籍、文件、笔记、钢笔、铅笔和其他文具设备，还有计算机、电缆、打印机和优盘等外部驱动器。你要意识到，自己已经拥有所有合适的学习资料和学习工具。同样重要的是，你需留出必要的空间做笔记、写作、绘画，以及整理归类收集的信息。你的学习空间必须结构清晰，以便它能够支持良好的逻辑思维等传统的"左脑"技能。

但是，一个真正有效的学习环境还需要悠闲、趣味和创意等元素。运用能够激发大脑思维的颜色、绘画、图片和引用等，它们会帮你更好地发挥想象力。保证自己用多种颜色的笔做记录，在本子上涂鸦，鼓励大脑自由想象。最佳记忆策略拥有很强的逻辑性和组织性，但它们同样需要丰富的想象力且依赖右脑型思维的帮助。

记忆原因

用一张图片、信纸，乃至任何其他东西来提醒自己努力学习记忆技能的原因，并将其放在房间显眼的位置。你需要用这样的记忆实现什么目标？你的生活将有何变化？谁会为你感到骄傲？给自己一些强有力的视觉提醒，帮助自己坚持目标，保持动力、注意力，即使遇到困难也不放弃。

● 打败分心

大脑容易走神，这也是不利于记忆的原因之一。你的生存本能会将思维转移到最迫切的需要上，可这会毁掉你的注意力。

为了掌控记忆，你需要：

- 消除容易使你分心的噪音，包括背景对话、宠物叫声以及让你走神的音乐；
- 对于在学习场所中度过的每一个环节，都要有明确的行动计划，并坚持下去；
- 适当进行动觉活动，包括玩桌游、压力球、转笔和涂鸦等，保持大脑工作，随后再将注意力放回到你手头的任务上；
- 抵制来自访客、手机信息和邮件的打扰。

背景音乐

　　是否应在学习时听音乐是个人选择，你要诚实地面对这一问题。有些人在绝对安静的环境中学习效率最高，有些人则需要听音乐放松自己，保持专注。你喜欢的音乐可能是摇滚乐、流行乐、古典乐甚至新世纪音乐等，你需要考虑清楚，自己选择的音乐是否会帮助或阻碍记忆，以及某种特定风格的音乐是否适合伴你学习。如果你能清楚地听到歌词，在熟悉歌词的情况下，大脑会进行跟唱；不熟悉的话，大脑会试着理解它们。如果你发现音乐确实有帮助，尝试倾听多种曲风以及不同艺术家的作品，然后找到最能帮你集中注意力和适当放松的音乐类型。但要注意不应选择过于放松、过度振奋以及容易让你分心的音乐。

● 例行记忆

　　组织你的记忆地盘，开始关于记忆的例行事件，加强自己的决心，提醒自己将精力集中在学习上。

　　拿出所有学习材料和设备是一个不错的开始，这会帮你马上进入学习状态。你对自己的记忆技能越有信心，就越希望每次都以同样有效的方式展开学习。你培养的习惯应尽量涉及记忆的所有思维技能，比如经常在墙上核查同一份学习时间表，然后拿起同样颜色的笔进行创意涂鸦。选择一些象征性的物品来伴随你的记忆例行事件，比如把特定的学习设备放到你的桌子上，脱掉鞋子或者戴上帽子等。记忆喜欢遵循模式，熟悉的事物会帮助你回到学习过程的正确位置，并引导你找回学习优异时的心理状态。

● 记忆团队

让他人进入你的学习场地是把双刃剑。你当然需要时间进行个人思考和学习，但学习伙伴可能会在学习的关键地方帮助你。与往常一样，重点是要不断尝试，反思并诚实对待合作学习的利处和弊端。

与他人合作学习的优势包括：

- 有人帮你测试你的记忆情况，你也可以回过头来测试别人，丰富学习过程，增强彼此的记忆；
- 你们可以一起讨论重点，交流对学习内容的不同理解，交流不同的观点并展开辩论，进而得出最佳观点；
- 从你的学习伙伴身上找出最佳策略，帮助你学习不同的思维方式，并将其融入自己的学习方法中；
- 在对方的帮助下搜集资源并组织整理，保持动力，专心学习。

与他人合作学习的缺点包括：

- 很容易受到同伴干扰而分心，把手头的任务丢在一旁；

- 同伴的消极看法很容易影响到你；
- 学习的节奏和程度可能不合时宜；
- 把时间浪费在适合同伴却不适合自己的方式上。

> **正确合作**
>
> 你能从别人身上学到多少东西？当你试图思考和学习时，如果旁边有人，你是不是会无法集中精力？另一方面，在你独自学习和思考时，你会不会感觉太孤独，动力不足，容易分心呢？你是否需要事先做好准备工作，然后再与朋友见面，互相交流，还是认为先与朋友交谈再进行专注研究更有效？你需要认真做出规划，平衡好自己的时间，获得所需的支持和关键信息，实现优质学习。无论你倾向于单打独斗还是在团队中学习，本书讨论的策略都会帮你有效地运用记忆技能，并逐步使其与你的学习方法相匹配。

● 学习场所

我们之前谈论过地点和记忆之间的强大关系（见第9章），因此，学习场所真的能够帮助你学习。你创造的记忆旅程应该基于自己熟悉的地方，但尽量不要靠近你的学习场所。学习场所可以作为突发想法的"紧急存储室"，用来存放重要的额外细节和任何你需要记住的零碎信息。

在你的学习场地周围按照顺序选择并记忆10个位置。如果你的学习空间足够大，你可以起身走上一段路，比如，从门口走到书柜旁，再来到衣橱旁，走到电脑前，然后走到南面墙上的照片下面……你也可以坐在课桌前,通过眼睛旅行,将视线从门把手移动到海报上,然后转移到窗台上的装饰品、书柜下方的支架等,此时应选择房间里的关键细节而非大物件和储存区域等。

在大脑中想象自己依次走过这10个位置,然后用这段路线存储自己需要掌握的各种信息。

- 如果你要研究核电站,可以假想有一座冷却塔堵在门口,或是有一个小型核反应堆安装在门把手上。
- 要提醒自己在下午6点见导师,可以想象一个挂有导师照片的大炮(根据数字形状系统,6可以用大炮表示)从书柜的顶端射出来,或者将导师照片贴在墙上的海报四周。
- 想要记住在论文中提及丘吉尔,你可以将其藏在柜子里,或是化作雕像放在窗台上。

养成习惯,定期检查学习场地的记忆路线,除了每次进入房间时,你也可以利用零散时间进行回顾检查。花几秒钟选择一张图片,然后将其固定到房间的某一个具体位置中,每次进行知识回顾时,这张图片都可以作为有效的记忆提示。

在你运用旅程学习法记住信息后,要记得清空路线,以便存储下次需要记忆的信息。

● **改变风景**

拥有一个主要的学习场地至关重要。你的学习材料和设备都放在这里,而你的学习方法也与这里的环境相适应。在个人学习"领地"中,你会对记忆力充满信心,完成更有挑战性的重要任务和创造性工作，这会对记忆本身产生重要的意义。当你坐在考场里回想自己读过的某篇文章或者曾提出的观点时，你可以利用这种熟悉的场所感，记起关键信息。回顾学习环境能带给你熟悉的感觉和情绪，这是激发记忆有效的潜在方式。你需要让自己回到过去，回想当时的学习场景和在那里记住的关键信息。

按照情境依赖记忆的原理，在同一环境中，你更有可能记住信息。你的学习场地、同伴和精神状态若与最初学习时保持一致，你就更容易回想起所学内容。你可以在考试中充分利用这一原理，假想自己回到当时的学习环境中，前提是你当时真正记住了所学内容。这就是本书记忆技能的巧妙之处：利用熟悉的场所感存储信息，在需要的场合帮你回想起来。这些技能十分强大，当你在某个地方学会一些信息后，不管以后走到哪里，都能准确回想起来。

✓ 到处走走

有一个熟悉的学习场地是件好事，但在其他地方享受学习过程同等重要。如果你习惯于独自学习探索，完成作业以及进行测验，那么当你参加考试的时候，往往会对考试的环境和氛围感到陌生，很难在大脑里找到熟悉的感觉。因此，你有必要时而换一个学习场所，在新的环境下进行思考、学习和记忆。不管面对什么环境，你都需要相信自己的记忆力，在新环境中学习有助于加强记忆，也能帮你不断创造出各种各样的"地理"记忆。尽量选择独特、有趣、令人兴奋以及有吸引力的地方，你的学习场地越难忘，记忆效果就越好。你很有可能现在

> 还记得自己在皮卡迪利广场读过的内容，在热水浴缸里泡澡时的想法，或是赶赴首次约会途中的念头。当你准确理解记忆的工作机制时，每个地方都能成为强大的学习场所。

改善学习环境的实用小贴士

◎ **确保你的朋友和家人了解你学习的时间和地点。**比如和你的室友交谈，在门上贴一个告示牌，在网上更新个人状态等，让身边的人知道你在认真学习。

◎ **利用你所有的感官体验，不断调整、改善学习环境，打造最佳学习场所。**研究哪一种气味能提高你的注意力，能带给你积极快乐的想法。除了音乐，还有其他的声音可以帮助你学习吗？你在学习时使用的工具触感如何？哪些特殊口味的小吃和饮料会让你更有动力？打造一个能够长期存储感官的学习场地，利用感官体验回忆在那里学会的一切信息。

◎ **利用记忆技能，记住自己把学习设备和材料放在什么位置。**每次归档重要的电子文件时，你都会思考存放位置和路径，整理学习材料时亦是如此。"野蛮"地打开某一个抽屉，或在决定使用某一收纳盒时大声地念出"就是你了"，以此加强动觉学习；同时要注意发挥想象力，在合适的文件夹、笔记本或房间里添加记忆提示。选择令人印象深刻的文件名，想出有趣的原因，告诉自己为什么学习材料放在这个位置，并利用所有记忆技能来掌控学习过程。

GO 现在要做的……

1. 通过本章的学习，制作一个清单，改善自己当前的学习环境。尽你所能，把它打造成练习记忆技能的好地方。

2. 根据你的学习环境，利用旅程记忆法保存信息。任何与研究有关的任务、事实、问题或想法都可以转换成难忘的图形，并在需要的时候保留下来，等到记住信息后再清空记忆路线中的图片，以便下次学习时添加新的图片。

3. 作为整体学习的一部分，提前计划好你的学习场地。认真思考适合某一具体任务的学习环境，以及是否需要邀请伙伴进入你的学习领地。这些都是影响学业成功的重要因素，不能掉以轻心。

第六部分

HOW to Improve Your Memory for Study

刻意练习

HOW to Improve Your Memory for Study

第 14 章

利用记忆技能顺利完成学习

你在学生生涯的诸多环节都需要使用记忆技能，本章和下一章将重点探讨考试和评估，也即传统意义上的记忆考察期。但是要注意，只有在整个课程中培养、训练并利用好自己的记忆技能，才能在学习和生活的方方面面充分发挥大脑的潜力。

通过本章，你可以了解：

- 在整个学习过程中保持活力；
- 考试对加强记忆力的重要作用；
- 规划学习课程，适应记忆技能；
- 将不同学习领域的建议关联起来并综合应用；
- 在记忆库中增加新信息；
- 始终把记忆当作学习的核心。

● 记忆优先

掌控记忆会帮你在整个课程中都积极高效地学习，从而有效地避免考试来临时手忙脚乱。充分利用大脑，你会在学习过程中获益匪浅。同时，你需要保持良好的学习状态，因为成功的学习是一个持续过程。你需要采用合理的方法了解信息，不断巩固，直到牢记在大脑中。

战胜遗忘曲线

19世纪的德国心理学家艾宾浩斯（H.Ebbinghaus）开创性地提出了遗忘曲线的概念，探索出了记忆随时间推移而消失的规律。通过研究分析多种信息，艾宾浩斯提出记忆准确度会不断下降，并探讨了可能存在的一些影响因素。他所强调的诸多记忆规律已成为当今许多记忆训练的核心原理，比如理解有助于记忆、组织和联系学习材料会让信息在大脑中存储更长时间、基于技能的学习方式比其他许多死板的形式有效得多。但艾宾浩斯最有影响力的观点是"遗忘曲线"。简单来说，是指随着时间的推移，记忆痕迹自然减弱的过程。

尽管记忆最终会减弱，不过根据艾宾浩斯的研究，记忆在学习初期有小幅加强，因此记忆曲线的初始阶段有一段上升期。如何打败遗忘曲线，让记忆曲线再次上升？艾宾浩斯发现，最好的方法是每隔一段时间就进行短暂回顾和探索，这比高强度的集中复习有效得多。战胜遗忘曲线的最好方法是充分了解信息，然后精心规划好复习周期，不断刷新记忆，加强学习，将每次复习过后的"新知识版本"看作有用的新记忆。

第 14 章 利用记忆技能顺利完成学习

> **掌控学习**
>
> 思考自己过去采用的学习方法从长期效果来看究竟如何？你是否有过这样的经历，在课程后期，发现自己之前读过的文章、参加过的讲座或者期中考试复习的内容都忘得差不多了？你或许还能够理解其中的内容，但为什么就是记不起来呢？认真地思考其中的原因，是不是因为你往往无法抓到复习的要领，从而浪费了大把时间呢？如果你曾经在特定的时间里不断地刷新记忆，尽管当时并不真正需要这些信息，但这种方式是不是会帮你在考试时更容易想起关键信息呢？如果你在整个课程中不断回顾复习，是不是会获得更好的学习效果？就像一个马戏团中表演转盘子的演员，他们知道什么时候抛起盘子，什么时候接回来，令所有的盘子完美地旋转起来。

● 提升记忆

记忆曲线在学习初期会有短暂的上升，你可以充分利用这段时间。学习任务完成之后先休息一会儿，此时大脑已经巩固了知识点，你可以趁此机会测试记忆，并肯定自己的记忆技能。自我测试会帮你在记忆曲线的高点做好巩固工作，将知识牢牢记在大脑中。同时记得定期回顾知识点，每隔一天、一周或一月复习一次。你要在每一次回顾中先做个简单测试以查漏补缺，然后回想第一次学习时运用的记忆技能，并增加创意图形，加强知识点之间的联系，还可以添加多种不同的记忆提示，学会询问自己的学习情况，充分利用记忆技能，提炼学习材料，创造强大的记忆库。

207

测试

研究为何考试和测验如此有效的理论有很多。一种观点指出，每次检测都会使学习的知识产生新的联系。另一种观点是，测试有助于提取信息，总结归纳知识点。本书的记忆策略同时使用了这两个观点。

养成边学习边测试的习惯，每当你学会新的知识点或刷新记忆库的时候，就要进行自我测试。改进你发明的图形和创造的联系，增加新鲜元素以加强记忆，注意在平时生活中思考记忆线索，回顾知识。研究表明，"检验效应"对于要在一周内记住信息的场合尤为适用，因此它极适合备考。

检验有助于发现不足，为整个学习过程提供进度报告，但更为重要的是，它有助于战略性的记忆制造过程。

巩固和丰富

请记住，你不需要每次都从第一页开始复习。在记忆完全消褪之前，你需要通过刷新记忆不断巩固和丰富知识，以便下次更简单高效地复习。因此，每一次刷新记忆并不只是重复知识，你也在为未来的学习过程提供积极的学习经验。在这一过程中，你不但记住了知识本身，还记住了知识的记忆方法。

● 多层次学习

充满图形线索的情景、故事和路线可以安全有效地存储信息，为你的学习奠定坚实的基础。在学习过程中，你一般会对所学知识产生总体认识，知道它们的基本含义。通过运用战略性的记忆技能，你会逐步挖掘信息，不断丰富和拓展所学，好奇心会促使你收集、理解和学习更多的知识。学习战略将深层次的记忆与"表面"学习结合在一起，比如当你浏览一份文档，与朋友聊天或是看电视时获取的新想法会引起你的兴趣，帮你想起之前学过的关键知识点，刷新存储良久的信息，继而轻松地将新观点添加到记忆库中。

> **非比寻常**
>
> 要想让测试和学习的过程更加愉快有效，你得挑战一些非比寻常的事情。你是否尝试过将学习材料编成一首歌，或是整理成一首打油诗或绕口令？你能否把记住的内容设计成一次小型考试、转变成一场戏剧或报纸上刊登的电影情节串联图，利用视觉、听觉和动觉活动探索和丰富自己的记忆，并在大脑里设计出几条思维路线图以加强信息的存储和记忆？

● 分解学习任务

艾宾浩斯研究了"分布式学习"，即将长期学习过程分解成多个短时爆发式学习阶段。通过这种方式，你可以花更少的时间学习某一主题，尽管整个学习过程可能会变长。因此，如果你需要快速了解某一问题，那你可以尝试一次性学习透彻，但如果学习周期比较长，那你最好学会把学习过程分解为多个短期阶段，它包括下列好处：

- 通过分解学习过程，你会拥有多个"起始期"和"结尾期"，帮助你充分利用强大的初始效应和时近效应（见第 2 章）；

- 每次短期阶段之后，你的大脑都会在你进行其他主题的学习过程中巩固之前的知识；
- 面对较短的学习周期，分心或感到困倦的可能性会变小；
- 由于整个学习周期变长，你会有更多的机会去获得有用、有趣以及丰富的信息，不断从别的领域获取新想法。

工作机制

如何将这些明智的策略应用到你的学习记忆方法中？思考自己该如何重新组织时间，调整努力方向，以更短的时间学习特定学科，同时加强学习频率。在第一次准确记住某些具体信息后，隔一小时、一天甚至一个月后温故知新，你会有什么感受？间隔时间变得更长呢？除了测试记忆以及巩固复习，你还可以通过什么活动丰富学习、记住各类知识点？分解学习过程虽然有些费时费力，但十分有效，属于深层记忆和表层学习的战略组合。

学习时长

你需要找到适合自己的学习时长。你越了解自己的记忆及其使用方法，就越能够清楚意识到记忆技能会在何时促进学习，何时效率低下（见第5章）。你需要花足够长的时间深入探索学习材料，利用所有记忆技能，但太长的学习时间又容易使你分心、使你感到厌倦甚至不知所措。通过短期学习，你会因转换学习话题而重新启动注意力，长久保持浓厚的学习兴趣，但也要注意这样可能导致记不住信息和大脑疲劳的情况发生。适当的学习时长很大程度上取决于你处理的信息类型、学习进度以及自身的学习习惯和方法。

拼图游戏

将学习过程看作自己正在设计和制作的拼图游戏，其中的每一块拼板代表你对关键信息创建的记忆。你需要不断回顾检查每一块拼板，提醒自己它代表的含义，改进图案、丰富色彩、练习拼图，并逐渐找到所有拼板最佳的组合方式。

你应当学会创造记忆情景来更好地发挥人体关键器官的功能。创造并联系不同的情景能够有效地存储信息，同时很容易使你回想起所有的细节。你会更容易记住不同器官之间的相似和差异之处，提高理解力，创造性地回答问题，不断加深理解记忆。

我们以学习莎士比亚的三篇文章，《驯悍记》《温莎的风流娘儿们》和《仲夏夜之梦》为例，你要分别了解每篇文章的关键思想、人物名称、引语、词汇和批判理论等繁杂知识，设计一段记忆旅程是不错的记忆方法。你可以将这三篇文章结合在一起，创造一段包含三站的旅程，用清晰难忘的方式将细节信息包含在里面。你可以想象自己从宠物店之旅的最后一个位置（《驯悍记》）来到温莎城堡之旅的第一站（《温莎的风流娘儿们》），然后想象一条秘密隧道，来到仙境森林的记忆旅程中，存储关于《仲夏夜之梦》的所有必要信息。通过将不同的旅程结合在一起，你会更容易找到图形信息，突出重要主题，从而有效地选择关键信息。

当你需要将一系列关于法国和德国的历史文献整理成知识框架时，通过合并记忆场景、组合故事、串联旅程，每一系列都可以转换成许多相互关联的想法。记忆场景能帮你想起棘手难懂的外语单词，组合故事会帮你记住地名、人物或政治运动，旅程则会帮你清晰构思整篇文章的结构。这些方式非常利于人脑的记忆，既生动、有趣，又非比寻常、相互关联，同时具有清晰的逻辑结构，你全都可以运用。

● 弥补不足

复习时，要尽可能多地尝试新的学习方式记忆信息，同时可以增加新的细节，不断扩充知识库。

> **多即是少**
>
> 不要担心新知识会增大学习难度。当你训练记忆时，额外的细节实际上会使你更容易记起初始信息，它们能够增添色彩，创造新的联系，激发你的兴趣，强化核心知识。

也许你曾想象过邮局外面躺着一个温度计，而后提醒自己离太阳最近的星球是水星；隔壁报社的墙上张贴着一幅金山图，然后告诉自己离太阳第二近的星球是金星。你可以轻松为关键事实添加更多细节，以加强记忆。

如果你要记住水星上的一些陨石坑里有冰块，你可以想象温度计顶端装着冰粒，而著名电影里的卡通角色贝多芬也来到温度计前，开始舔食冰粒，以此提醒自己水星上最大的陨石坑叫作贝多芬。你可以在金山图中添加火山和沙地，告诉自己金星上遍布着高山、火山和沙子。

在学习全球变暖时，你可以在大脑中画一个甲烷气罐，提醒自己甲烷排放是全球变暖现象的原因之一，同时你还可以添加更难忘的细节，比如：

- 在甲烷气罐上覆盖叶子和泥土：全球变暖是与自然有关的现象；
- 想象触摸罐子的湿冷感：北极冻原和湿地释放甲烷；
- 用小型温室模型扣住气罐：甲烷是温室气体。

在课程结束时，你将会建立多条相互联结的记忆旅程来存储有关气候变化的知识。如果你正在思考全球变暖问题，通过甲烷气体罐的关键图形，逐渐联想到叶子、湿冷、温室等，就能记起一系列重要信息。

● 自我调整

充分利用记忆意味着不断改进自己的学习方式。发现新的模式，建立灵活的联系，合理调整记忆结构。长此以往，你会熟练地掌握全脑学习方式，进而将创意和逻辑完美地结合在一起。

加强图形思维

尽量用图形去代替你的生活计划，比如参加社交活动、组织会议以及安排旅行等。要学会用图形描绘事件，营造夸张的视觉形象，同时捕捉可能引起冲突的想法，设计更为实惠便利的计划方案。利用图形想象，可以为自己的计划节省时间和金钱，使其更加周到合理。

创建"任务房间"

选择一个你每天都会多次经过的真实场地，用它来保存日常工作的图形线索，然后在大脑中构建一个虚拟版本，将日常琐事、约会、任务及截止日期等以图形的方式固定在各个位置。接下来，每当你从真实场地经过的时候，记得提醒自己在大脑中安排的各种图形任务。比如，门口的洗衣间提醒你要干洗衣物，便利贴提示你去银行汇款等。这是一个极其有效的方式，正确使用它会帮你节省很多时间和精力。

完成任务

当你在学习中遇到困难时，对记忆能力的充分理解和制定的学习策略将会帮你渡过难关。

我们已经了解到分心有害于记忆，因此当你特别担心某件事时，可以强迫自己只能在学习之后的某个特定时间去思考这件令自己忧心的事。一旦你深陷在某个问题当中，就很难有效地使用记忆技能。

当你很难静下心来开始一项任务的时候，那么不妨思考一下出色完成此事后的益处。在大脑中创建图形，提醒自己顺利完成任务后，你会得到的奖励。例如即将启程的旅行、为你所折服的同学朋友以及你将会获得的成就感和快乐……当某个学习阶段进展良好时，亦可以把注意力集中在积极的心灵感受上，并赋予图形表示，这样在你以后遇到困难时，就能"翻阅"起自己曾经成功的感受和体会，从而激励自己努力向前。

如果任务进行得并不理想，比如成绩不好、错过重要的时间、教材使用有误等，记得多花些时间研究自己的记忆。不要灰心丧气，注意回顾学习过程，以更宽容的姿态去看待各种"不理想"。通过想象，改变参与者的比例、声音大小和自己行为的后果等。不要让记忆长久处于忧虑和分心之中，而是要利用它积极引导你未来的学习。通过转换视角，比如减轻当时的愤怒和沮丧情绪，加快工作进度等，你可能会有意想不到的收获。这一方法不仅适用于知识的记忆过程，对你以后的工作和生活也很有帮助。

完成学业的实用小贴士

◎ **当你创造越来越多的记忆图形、情景、故事和旅程时，有必要进行简单的书面记录，说明它们是如何组合在一起，形成结构化的学习地图的。** 记下地图中每一部分所代表的关键信息、学习阶段以及各部分之间的关系。经常回顾这些宏观脉络，全面把握，不断扩充你的记忆库。

◎ **每次开始学习前，都要确保自己有两个清晰的目标：一是要保证学习到足够的知识，二是要创建较高的记忆质量。** 问问自己，你是要进行表面学习，比如浅层次地通读文章、收听广播节目、浏览笔记，还是打算更深入细致地学习？学习前，你一定要计划好自己的学习层次，合理利用记忆技能，并进行自我检测。

◎ **通过必要的书面笔记辅助想象力。** 笔记会帮你更好地形成记忆，并为你提供细节信息。同时，人脑的记忆机制会帮你在笔记记录中产生新的想法，并教会你以不同的方式组织信息。你的笔记中还应包括合适的记忆技能。也就是说，笔记不该只是所

215

学知识的总结，还应是学习方法的总结。

GO 现在要做的……

1. 复习自己在最近一段时间学过的东西。测试自己，加强记忆，查漏补缺，并想出积极有趣的方法丰富学习。

2. 开始利用记忆技能规划时间。想要牢记下午 2 点进行的导师会议，可以想象导师头上有一只天鹅（天鹅在"数字形状"系统中表示数字 2，见第 11 章）。要提醒自己会议在 84 号会议厅进行，那么便想象驾驶帆船的雪人（雪人 = 8，帆船 = 4）。这种方式有助于你节省时间，明晰记忆，以及更好地打理生活。

3. 建立记忆反馈空间，在和导师、同学交流以及独自思考的过程中，收集提高学习质量的建议，并存储在反馈空间里。每当你得到有用的建议，就要想出对应的图片记在大脑里。不断回顾这些好的建议，思考未来的发展方向，让自己的学习成绩更上一层楼。

HOW to Improve Your Memory for Study

第 15 章

应试记忆策略

如果你能在整个学习过程中充分利用自己的记忆力，考试成功是水到渠成的事。在考试中运用最佳记忆技能以及应试策略至关重要，但更多的时候，你需要意识到，你已经付出了艰辛的努力，此时更是处在马拉松的终点冲刺阶段，更加不能懈怠。本章要探索的正是如何在最后几周有效复习，然后在充满压力的考试中充分发挥出自己所学的知识，拔得头筹。

通过本章，你可以了解：

- 计划备考期；
- 准备发挥出最佳水平；
- 刷新整个学习过程中的全部记忆；
- 增加具体细节，运用特定学习策略；
- 注意锻炼，应对压力；
- 使用记忆技巧，使自己处于最佳思维状态。

● 完美组合

本书探讨的所有记忆技能并非无稽之谈。即使你这辈子都不需要参加考试，有效运用记忆技能也会对你有所帮助，它不但会让你以更加轻松愉悦的方式学习，加深理解能力，产生更多创意想法，还会帮助你更合理地组织时间，掌握使你终生受益的技能。当然，绝大部分学生都需要参加考试，而记忆技能会在学习的各个层面帮助你。你在整个课程中进行的优质学习和大脑训练都可以帮你取得理想的学习结果，从而轻松地应对各种考试。

> **大事化小**
>
> 考试极易引起学生的恐慌，一旦你过分看重考试成绩，很可能在备考期间就会乱了方寸。学习中的主要记忆原则同样适用于应试，你之前掌握的知识和技能会在考试期间为你服务，不用太过担心。考前最重要的是掌控学习过程，坚持有效的学习策略和习惯。在学生生涯中，你耗费了大量精力来完善自己的思维方式，建立良好的学习习惯，调整自己的生活方式，打造了一个完美的学习记忆场所。即使你在学习阶段的后期才发现这本书，你仍能从中了解这些针对性较强、严谨有效的战略学习方法。在保持冷静的情况下，你还可以学会很多东西。你需要保持平和的心态，创造并自信满满地运用记忆技能，加强学习的积极效果。

第 15 章　应试记忆策略

一臂之力

思考测试在你学习过程中扮演的角色。你是否必须进行书面考试、技能考试、课堂评测或者其他形式的考核来展示自己的学习成果？这些挑战是贯穿整个课程当中还是只在每个学期末进行？很多老师会在大考之前给你留出专门的复习时间，因此你最好提前考虑每门课要准备多久，每次复习要涉及几门课程以及要采取什么样的复习方法。你要复习所有的考点，还是只需查漏补缺，还是要进一步调查研究后再做结论？你会把复习时间用于背诵模板和公式，还是全面灵活地复习各种可能出现在考试中的内容？

收集学习材料

你应该在临考前思考自己的学习策略，把自己需要的所有材料收集起来（见第 6 章）。尽可能多地查看学习笔记、教材和辅导书、电子文件以及其他任何有用的信息。接下来，再想想学习的优先事项。

- 你是想在复习中面面俱到还是侧重某个方面？
- 你要花多少时间背诵教材重点，不断回顾和巩固所学知识以及练习考试技巧？
- 你是要自己复习还是和他人一起备考？
- 你是否需要参加具体活动来帮自己备考，比如和外教对话、实地考察、参观博物馆或看一场戏剧等？

回顾迄今为止所做的所有准备，认真做好能帮助你应对考试的最后几件事。

● 仍在正轨

现在是时候检查考试的具体细节了。为了制定合理的记忆策略,你之前已经了解过考试要求,应该还做过笔记,此时就需要你再次回顾检查一次,保证自己了解目前的学习进程。以下是一些你需要密切注意的问题:

- 考试的时间、地点和形式是什么?
- 你可以带笔记或其他提示材料进考场吗?
- 考试肯定会涉及什么话题?
- 你是否可以选择考试题型和考核方式?
- 考试的评分方法是什么?

这些问题的答案将决定你如何在考前的几周、几天、几个小时甚至几分钟内使用记忆技能。它们会帮助你优先分配时间和精力,选择合适的学习策略,轻松应对考试,专注自信地发挥出最佳水平。

> **核心考点**
> 你要了解通过考试的最低标准。考试的核心要点有哪些?如果你在考前生了一场大病,或家里突发紧急情况,你需要记住哪些必要考点才能惊险地通过考试?你之前做的红绿灯笔记应该能派上用场。认真思考最重要的知识点,并从它们下手。即便出现大的问题,你仍有机会通过考试。在紧急情况下,让核心知识点安全地存在你的记忆里,它们会帮助你重建其余的记忆。

● 复习知识、刷新记忆、重新参与学习过程

在第 14 章中，你已经了解定期复习的重要性。通过回顾自己的记忆、自我测试、改进学习方法、增加新的想法，你会更充分地参与学习过程。现在你也需要重复这一进程，将所学知识调到记忆的"冲锋线"上。

备考会帮你快速而愉快地刷新所需的全部信息。复习并不等同于重新学习，而是加强每一段记忆、有效地练习和使用记忆库里的信息。

- 专注于某一个特定主题。测试你的记忆：你能记住它的主要观点、事实、数字、关键、文章结构和你当时的重要想法吗？
- 调查你的学习策略。你设计了什么图形以引发记忆？你有没有创建记忆情景、记忆故事以及记忆旅程？了解大脑里的记忆策略是否仍然有效，然后检查"人造记忆"的书面证据，比如添加到笔记中的评论和草图，或是你列出的学习计划，看看二者是否匹配。
- 思考自己将采取哪些措施查漏补缺。你设计的哪些图形没有帮你回想起信息？哪种记忆结构无法有效地存储信息？将你之前的学习策略作为基础，不断地进行改善和提升。利用记忆提升技能，发挥注意力、可视化力、组织力和想象力，提高学习质量。
- 进一步丰富记忆，让大脑准备好在考试中灵活运用它，花一些时间思考、质疑、讨论以及拓展核心要点。有时间的话，可以对你感兴趣的领域进行深入研究，也可以借鉴其他能为你带来新鲜见解的领域。

● 细节决定成败

备考阶段是处理细节信息的良好时机,记忆技能会在这一时期发挥战略性作用。对于某些细节信息,你可能会希望长久记在大脑里,它可以帮助你传达内容,展现你的理解水平。但有大量的事实、数字、名字、日期、引用语以及公式只是为了应付考试,并没有太过重要的意义去让你牢记于心。它们确实会对你的考试答案和分数产生巨大的影响,但也只是证明你能学会任何东西,而并非你这番努力的最大收获。好消息是,记忆技能可以帮你随心所欲地收集细节信息,并尽可能长时间地记在大脑里。

● 数字

如果你在复习时需要记忆大量的数字,除了运用"数字韵律法"和"数字形状法",还有两种数字记忆策略会帮助你学习并处理数字信息,特别是当你学习日期、统计数据和公式时。

单词长度法[①]

运用这种方法,你需要选择相应数字长度的单词加强记忆。你可以灵活挑选令人难忘的单词、短语甚至句子,然后运用想象力将它们与原始数字的真正含义联系起来。

阿尔伯特·爱因斯坦于1879年出生:a(1个字母)creative(8个字母)science(7个字母)superstar(9个

---

① 此法适用于英语学习。——译者注

字母)。"a creative science superstar"这句话的意思是"一位有创意的科学巨星"。

一英制品脱等于 568 毫升：enjoy（5）drinks（6）sensibly（8）。"enjoy drinks sensibly"这句话的意思为"明智地喝饮料"。

比萨斜塔高 55.86 米：tower（5）lawns（5）tourists（8）marvel（6）。"tower lowns tourist marvel"这句话的意为"塔、草地、游客、奇迹"。

花一些时间将单词与数字搭配起来，然后使用你学会的记忆技能将其牢记在大脑里。你可以通过创建生动、独特以及引人入胜的图形将信息植入大脑中，在需要时回忆并应用。同时，将它们在本子中记录下来，并不断地在大脑中回顾思考。

基本记忆系统法

这种方法可以追溯到 17 世纪，并在之后的几个世纪中不断发展丰富。这种方法是用字母代替数字，再将字母组成单词或短语，在大脑中转换成图形，置于记忆情景、故事或旅程当中。在记忆数字时，可以将数字转换成一个或若干个相对应的单词，无论采用其中的任何一个单词，都可以还原成唯一的数字。

基本系统的转换代码

0 = s、z，清辅音 c，z 是英语单词 0（zero）的首字母，s 和 c 与它的发音相似；

1 = d、t、th，d 和 t 都有一竖；

> 2 = n，n 有两竖；
>
> 3 = m，m 有三竖；
>
> 4 = r，r 是英语单词 4（four）最后一个字母；
>
> 5 = l，L 在罗马数字中代表 50；
>
> 6 = j、sh、ch、g、dg、zh、s，手写的 j 像左右翻转的 6，而 g 像上下翻转的 6
>
> 7 = k，浊辅音 ck、c、g，字母 k 中包括两个 7；
>
> 8 = f、v，手写的 f 像 8，v 发音与 f 的发音相似；
>
> 9 = b、p，b、p 像翻转的 9。
>
> 元音 a、i、e、o、u 和 w、h、y 没有对应的数字，可以填充其他辅音组成单词。

滑铁卢战役发生在 1815 年。代表这些数字的字母包括 T、F、D 和 L，你可以将它们组合成词组 TOUGH DEAL（意为艰难的任务）：滑铁卢之战对拿破仑来说当然是场艰难的任务！

达芬奇出生于 1452 年。按照上述列表，你可以用 D 代表 1，R 代表 4，L 代表 5，N 代表 2，然后填入元音组成单词 DARLING（意为亲爱的）。联想达芬奇笔下的蒙娜丽莎，她可能是达芬奇的"亲爱的"。

杰克逊·波洛克（Jackson Pollock）的油画售价为 1.40 亿美元，创下历史纪录。D 代表 1，R 代表 4，S 代表 0，填入元音组成单词 DRIES（变干）。想象一下，你在观察杰克逊画画，专注地看着油漆变干。

第 15 章　应试记忆策略

● 单词

在备考期间，你需要比平常更细致地记忆单词，下面的建议会对你有所帮助。

拼写

利用记忆技能，发挥最佳效果。正确拼写是给阅卷老师留下良好印象的重要方式，积极回忆每门学科中的关键词或是你经常忘记的单词。

- 通过想象，在大脑中使用大胆的色彩标亮疑点、难点。
- 夸大容易混淆或遗漏的细节，可以通过加大字体以及生动立体地记录信息等方式把信息凸显出来。
- 运用想象力，将生动形象的单词印在大脑里。
- 举起书本，仰视单词而后拼写出来，因为你在回忆单词时眼球会下意识地向上转。同时你可能会发现，记忆单词时眼神更倾向于向左上方看去。
- 在大脑中反向拼写单词。
- 重复在纸上拼写复杂的单词，建立"肌肉记忆"。

> **技巧和提示**
>
> 结合左右大脑，使用"创意组织"的记忆技能，尽一切努力让单词更难忘。通常情况下，你会发现，一个小细节就足以让你回想起整个单词。
>
> 想象唐老鸭（Donald Duck）和史蒂芬·斯皮尔伯格（Steven Spielberg）生活在同一个"地址"的画面，顺便记住"地址"的英文拼写：aDDreSS。

225

> 在单词中找到有吸引力的线索，或者自己发明一些线索，然后运用想象力加强记忆。

具体明确

> 思考哪些额外细节有利于学习、提高答题准确性，让你写出更令人印象深刻的答案，接下来从大脑的记忆库中提取出阅卷老师希望看到的事实和数字。你可以结合哪种记忆策略来帮助自己处理学习任务？利用强大灵活的记忆方法，协调使用左右大脑，加强组织性和创意性，结合表面学习和深层记忆技巧。

时间管理

> 一寸光阴一寸金，考试之前的时间更加宝贵。灵活运用空闲时间，比如在等待公共汽车和排队买票时回想知识点。如果你此时思维正处在高速运转时期，为什么不趁此机会加强记忆呢？反过来说，如果此时的你太过疲惫，无法有效地运用记忆策略，也可以先停下来，先进行整理文档等一些简单的任务。

● 压力测试

在考试或评估中，坚持信念，保持良好的记忆技能，挖掘大脑中的知识点，并添加任何可能有帮助的细节，使用熟悉的学习策略保持学习状态。你一直以来的努力都是为了增加记忆自信，现在是时候展示自己的记忆技能了。提醒自己，你面对的压力是正面的，是有助于积极展示自己才华和知识储备的，你应该感到兴奋，还有不要忘记在这最终的时刻为自己鼓掌加油。

- 强调记忆过程的关键步骤。
- 尽可能发挥想象力。
- 比以前更积极地阅读和倾听。
- 不断地训练大脑，收集、探索和学习新想法。
- 选择合适的记忆策略。
- 回顾所学知识，不断地巩固加深记忆。

当大脑一片空白时

你做的所有记忆训练，都应保证自己能获得全部信息并灵活应用，甚至在考试的压力下也会完美地发挥。如果你在考试中惊慌失措，试着放松下来，你可以先把思维转移到别的事情上，适当地放松心情，压力会让情况变得更糟。另外，可以尝试一些有助于提高目击者记忆的"犯罪现场"策略（见第6章），尽管你想到的"犯罪情形"可能比考试还紧张，但这种方法是切实有效的。

● 健康的身体和心态

考试是对身体耐力和心理状态的考验，我们在第12章已经讨论过二者的紧密联系了。你需要在每一次考试中都拿出最佳状态，保持健康、轻松、专注，要有活力、有信心，让大脑可以轻松地回想起全部知识。正因如此，考前的几周不能过于疲劳、不能熬夜、不要过度忧虑。你需要利用最后的紧迫感，提醒自己学习进程正在向着积极的方向进行，而你要做的就是保持健康的身体和心理状态。

- 特别注意保持身体健康。确保自己得到了大脑所需的全部营养，进行足够的锻炼来保持氧气的充沛以减缓压力，同时注意保持适量的睡眠。熬夜学习对记忆弊大于利，在大考之前尤其如此。结束学习任务后，留出适当的时间让大脑休息并补充能量，以迎接未来的重要挑战。
- 通过记忆技能保持强劲的学习动力。回想你在整个课程中设计的励志图形，提醒自己努力学习以及如此高效使用大脑的初衷。反思学习过程中取得的成果以及记忆策略发挥的作用。现在，你不必祈祷记忆力会出现奇迹，因为你已经知道如何让它发挥作用，要对自己充满信心。你在整个学习过程中看到了自己的惊人记忆力，现在是时候向其他人展示你的能力了！
- 不断训练自己的想象力，并让它为你带来成功的"记忆"。你现在应该非常善于创造生动的场景、故事（见第8章）和旅程（第9章）。你知道如何利用感觉和情绪，沉浸在想象的世界中（第1章和第3章），为什么不提前设想自己考试成功时的表现和成功后的感受呢？你已经掌握这一经验，尽可能让它对你起作用，强调一切积极的感受。同时，你也要努力重现成功学习的过程，思考如何利用记忆技能获取所有正确的信息，准确并创造性地使用它们，传达最佳想法，并体现出你的学习风格。

应试的实用小贴士

◎ **不要让别人动摇你的积极心态或对记忆的信心。**他们可能没有付出必要的努力或做好准备,因此表现不佳。但你已经准备充分,远离他们的消极想法,避免情绪低落、意志消沉,不断告诉自己,你可以做到最好!

◎ **如果现在非常自信,不妨在大考前抽出一些时间。如果你在整个课程中都能很好地使用记忆技能,你可以放松自己并从中获益。**利用零散的时间有意识地做些有趣的、令人耳目一新的事情,不但不会损害记忆,还会对你的学习有帮助。

◎ **在考试之前,最后一次刷新你的记忆。**不要担心吸收任何新信息,但要快速提醒自己联系核心内容,同时回想各种各样的事实和想法。加强记忆的丰富性,并享受记忆带给你的熟悉感和亲密感。

现在要做的……

1. 绘制时间表,列明从当前的学习阶段到下一次大考来临时的学习安排。利用计划表仔细备考,并留出时间来完成本章讨论的活动。注意适当休息,准备好突发事件的应急方案,享受冲刺阶段的学习过程。

2. 到目前为止,不要浪费任何你已经投入的工作。在当前的学习基础上进行复习以及刷新记忆。测试自己,回顾你所做的关于图形和结构的笔记,探索记忆信息的不同方式,然后在过去学习的基础上增强记忆力,而不是从头开始逐字复习。

3. 尽早开始思维演练,思考记忆策略可能带给你的好处。无论考试形式如何,你都要自信、准确、创造性地看待自己的学习,并付诸行动。

Authorized translation from the English language edition, entitled How to Improve Your Memory for Study, by Hancock, Jonathan, published by Pearson Education, Inc., Copyright © Pearson Education Limited 2012.

All rights reserved. No part of this book may be reproduced or transmitted in any form or by any means, electronic or mechanical, including photocopying, recording or by any information storage retrieval system, without permission from Pearson Education, Inc.

CHINESE SIMPLIFIED language edition published by CHINA RENMIN UNIVERSITY PRESS CO., LTD., Copyright © 2019.

This edition is manufactured in the People's Republic of China, and is authorized for sale and distribution in the People's Republic of China exclusively（except Taiwan, Hong Kong SAR and Macau SAR）.

本书中文简体字版由培生教育出版公司授权中国人民大学出版社在中华人民共和国境内（不包括台湾地区、香港特别行政区和澳门特别行政区）出版发行。未经出版者书面许可，不得以任何形式复制或抄袭本书的任何部分。

本书封面贴有Pearson Education（培生教育出版集团）激光防伪标签。

无标签者不得销售。

版权所有，侵权必究。

北京阅想时代文化发展有限责任公司为中国人民大学出版社有限公司下属的商业新知事业部，致力于经管类优秀出版物（外版书为主）的策划及出版，主要涉及经济管理、金融、投资理财、心理学、成功励志、生活等出版领域，下设"阅想·商业""阅想·财富""阅想·新知""阅想·心理""阅想·生活"以及"阅想·人文"等多条产品线。致力于为国内商业人士提供涵盖先进、前沿的管理理念和思想的专业类图书和趋势类图书，同时也为满足商业人士的内心诉求，打造一系列提倡心理和生活健康的心理学图书和生活管理类图书。

《提问的艺术：为什么你该这样问》

- 畅销书《一分钟经理人》作者肯·布兰佳、美国前总统克林顿新闻发言人迈克·迈克科瑞以及众多知名媒体鼎力推荐。
- 对的问题远比有了准确答案更重要。问那些能够释放伟大力量的问题，打造属于你的专业而又极具个人魅力的影响力！

《学会辩论：让你的观点站得住脚》

- 逻辑思维精品推荐。
- 无论是成功地进行口头或书面争辩，还是无懈可击地阐述自己的观点，并让他人心悦诚服地接受，背后都有严密的逻辑和科学方法做支撑。
- 只有掌握了本书所讲述的重要的辩论技巧和明智的劝服策略，才能不被他人的观点带跑、带偏，立足自我观点，妙笔生花、口吐莲花！